AF305437

ATLAS

D'ENTOMOLOGIE FORESTIÈRE.

NANCY,

Lucien WIENER,

FOURNISSEUR DE L'ÉCOLE IMPÉRIALE FORESTIÈRE.

1869.

Nancy. — Imprimerie de Vagner, rue du Manége, 5.

PLANCHE VII. (1)

—

DÉTAILS ANATOMIQUES SUR LES INSECTES.

Fig. 1. — Calosome sycophante vu en dessus et en dessous. T, tête ; — P, prothorax ; — MS, mésothorax ; — MT, métathorax ; — AB, abdomen ; — A, antennes ; — PAL, palpes ; — Y, yeux composés ; — P. A, pattes antérieures ; — P. I, pattes intermédiaires ; — P. P, pattes postérieures ; — E, écusson.

Fig. 2. — Différentes formes d'antennes ; — 2ᵃ, antenne sétacée ; — 2ᵇ, *id.*, capillaire ; — 2ᶜ, *id.*, fusiforme ; — 2ᵈ, *id.*, serriforme ; 2ᵉ *id.*, pectinée ; — 2ᶠ et 2ᵍ, *id.*, en massue ; — 2ʰ, *id.*, en palette munie d'un style plumeux ; — 2ⁱ, en lamelles ; — 2ʲ, antenne coudée en massue ; *a*, scape ; *b*, funicule ; *c*, massue.

Fig. 3. — Pièces désarticulées et grossies de la bouche d'un insecte broyeur (calosome sycophante) ; *l. s*, lèvre supérieure ou labre ; — *ma*, mandibules ; — *m*, mâchoires ; — *p. m. i*, palpes maxillaires internes ; — *p. m. e*, palpes maxillaires externes ; — *l. i*, lèvre inférieure ; *me*, menton ; *la*, languette ; *p. l*, palpes labiaux.

Fig. 4. — Pièces désarticulées et grossies de la trompe d'un hyménoptère ; *l. s*, lèvre supérieure ; — *ma*, mandibule ; — *m*, mâchoires et palpes maxillaires *p. m* ; — *me*, menton, transformé en un tube (*promuscis*) et terminé par la languette *l* et ses deux divisions *d* ; — *p. l*, palpes labiaux dilatés et renflés en espèces de lames à leur base.

Fig. 5. — Tête d'hémiptère (cigale), pour montrer la disposition du rostre ; *l*, labre ; — *r*, rostre formé par la lèvre inférieure ; — *a* et *b*, soies déviées de leur position, ordinairement contenues dans le rostre et représentant les mandibules et les mâchoires ; — *v*, vertex ; — *y*, yeux composés.

Fig. 6. — *s. p*, spiritrompe de lépidoptère formée par les mâchoires ; — *p. m*, palpes maxillaires ; — *m*, menton ; — *l*, languette ; — *p. l*, palpes labiaux très-développés ; l'un d'eux est dépourvu de ses poils.

Fig. 7. — Trompe de diptère.

Fig. 8. — Coupe verticale de l'œil (grossi) d'une libellule ; *a*, cornée ; — *b*, pigment représentant la choroïde ; — *c*, filets nerveux aboutissant à chaque facette et se réunissant en un seul nerf optique.

Fig. 9. — Pattes de différents insectes ; 9ᵃ, patte postérieure du hanneton commun ; *h*, hanche ; *t*, trochanter ; *c*, cuisse ; *j*, jambe ; *t*, tarse de 5 articles ; *c*, crochets terminaux ; — 9ᵇ, patte postérieure d'une abeille ; *c*, cuisse ; *j*, jambe ; *t*, tarse dont le premier article est dilaté en palette ; — 9ᶜ, patte postérieure d'une sauterelle ; — 9ᵉ, patte antérieure du dytisque marginé mâle ; *d*, disque formé par la réunion et la dilatation des 3 premiers articles du tarse ; — 9ᵈ, le disque précédent vu en dessous pour montrer les petites ventouses dont il est muni.

—

ANATOMIE DES INSECTES.

Fig. 1. — Appareil de circulation. Vaisseau dorsal du hanneton commun, isolé et vu de profil ; *a*, région postérieure divisée en chambres et représentant le cœur ; — *b*, région antérieure représentant l'artère aorte.

Fig. 2. — Appareil respiratoire de la nèpe cendrée (hémiptère hydrocorise), destiné à montrer la disposition des stigmates, des trachées et des sacs aériens.

Fig. 3. — Appareil de digestion d'un insecte broyeur phyllophage (hanneton commun) ; *o*, œsophage ; — *j*, jabot, le gésier manque ; — *v*, ventricule chylifique fort allongé ; — *v*, *h*, vaisseaux hépatiques ; — *c* et *co*, renflement de l'intestin paraissant représenter le cœcum et le colon ; — *r*, rectum.

Fig. 4. — Appareil de digestion d'un insecte broyeur carnassier (cicindèle champêtre) ; *o*, œsophage ; — *j*, jabot ; — *g*, gésier ; — *v*. ventricule chyfique ; — *v*. *h*, vaisseaux hépatiques ; — *i*, intestin grêle ; — *c*, cœcum ; — *r*, rectum.

Fig. 5. — Appareil de digestion d'un insecte suceur (hémiptère (hydrocorise). *g*. *s*, glandes salivaires ; — *b*. *s*, bourses salivaires ; — *v*, ventricule chylifique très-allongé ; — *v*. *h*, vaisseaux hépatiques ; — *i*, intestins sans régions distinctes ; — *v*. *n*, vessie natatoire ; — *r*, rectum ; — *t*, tendons musculaires destinés à mouvoir le rostre.

Fig. 6. — Appareil nerveux d'une chrysalide de sphinx ; 1, ganglion sus-œsophagien ; 2, ganglion sous-œsophagien ; 3, 4 et 5, ganglions thoraciques ; 6, 7, 8, 9, 10 et 11, ganglions abdominaux.

PLANCHE IX. (5)

—

Fig. **1.** — Cicindèle champêtre (*Cicindela campestris*. Fab.). 1
larve.

Fig. **2.** — Carabe doré (*Carabus auratus*. Fab.). **1ª** larve.

Fig. **3.** — Carabe granulé (*Carabus granulatus*. Lin.).

Fig. **4.** — Procruste coriace (*Procrustes coriaceus*. Lin.).

Fig. **5.** — Calosome sycophante (*Calosoma sycophanta*. Fab.).
5ª larve.

Fig. **6.** — Féronie noire (*Feronia nigra*. Fab.).

Fig. **7.** — Dytisque marginé, ♂ et ♀ (*Dytiscus marginalis*. Fab.).
7ª larve.

Fig. **8.** — Staphylin odorant (*Staphylinus olens*. Fab.). 8ª larve ;
8b nymphe.

PLANCHE X. (4)

—

COLÉOPTÈRES SERRICORNES STERNOXES.

Fig. 1. — Agrile du hêtre (*Agrilus fagi*. Ratz.). 1ᵃ sa larve.

Fig. 2. — Taupin sanguin (*Elater sanguineus*. Fab.). 2ᵃ, portion inférieure pour faire voir la pointe prosternale qui s'engage dans une cavité du mesosternum.

COLÉOPTÈRES SERRICORNES MALACODERMES.

Fig. 3. — Lampyre ver-luisant, ☿ (*Lampyris noctiluca*. Fab.). 3a, lampyre ver-luisant, ♀.

COLÉOPTÈRES SERRICORNES TÉRÉDILES.

Fig. 4. — Tille formicaire et sa larve (*Tillus formicarius*. Lat.).

Fig. 5. — Vrillette molle (*Anobium molle*. Fab.).

Fig. 6. — Vrillette marquetée (*Anobium tessellatum*. Fab.).

Fig. 7. — Ptilin pectinicorne (*Ptilinus pectinicornis* Lin.).

Fig. 8. — Lymèxylon naval, ☿ et ♀ (*Lymexylon navale*. Fab.).

COLÉOPTÈRES CLAVICORNES.

Fig. 9. — Escarbot lunulé. (*Hister lunatus*. Fab.).

Fig. 10. — Bouclier quadriponctué (*Silpha quadripunctata*. Lin.).

Fig. 11. — Nécrophore fossoyeur (*Necrophorus vespillo*. Fab.).

Fig. 12. — Dermeste du lard (*Dermestes lardarius*. Fab.).

COLÉOPTÈRES PALPICORNES.

Fig. 13. — Hydrophile brun (*Hydrophilus piceus*. Fab.).

PLANCHE XI. (5)

—

COLÉOPTÈRES LAMELLICORNES.

Fig. 1. — Bousier lunaire, ♂ (*Copris lunaris*. Fab.).

Fig. 2. — Géotrupe stercoraire (*Geotrupes stercorarius*. Fab).

Fig. 3. — Trichie noble (*Trichius nobilis*. Fab.).

Fig. 4. — Cétoine dorée (*Cetonia aurata*. Fab.).

Fig. 5 — Hanneton de frisch (*Melolontha frischii*. Fab.).

Fig. 6. — Hanneton du solstice (*Melolontha solstitialis*. Lin.).

Fig. 7. — Hanneton du maronnier d'Inde, ♂ (*Melolontha hippo-castani*. Fab).

Fig. 8. — Hanneton commun, ♂ (*Melolontha vulgaris*. Fab.). 8ª, œufs ; 8ᵇ, larve ; 8ᶜ, nymphe.

Fig. 9. — Hanneton foulon, ♂ (*Melolontha fullo*. Lin.).

Fig. 10. — Lucane cerf-volant, ♂ (*Lucanus cervus*. Fab.).

Fig. 11 — Lucane parallélipipède (*Lucanus parallelipipedus*. Fab.).

PLANCHE XII. (6)

—

Fig. 1. — Ténébrion de la farine (*Tenebrio molitor*. Fab.).

COLÉOPTÈRES VÉSICANTS.

Fig. 2. — Cantharide vésicante (*Cantharis vesicatoria*. Lin.).

COLÉOPTÈRES RHYNCOPHORES.

Fig. 3. — Apodère du coudrier (*Apoderes coryli*. Lin.). 3ª, feuille enroulée par cet insecte.

Fig. 4. — Rhynchite métallique (*Rhynchites betuleti*. Fab.).

Fig. 5 — Feuille de bouleau découpée et enroulée par le rhynchite du bouleau (*Rhynchites betulæ*. Herbst.).

Fig. 6. — Cnéorhine du coudrier (*Cneorhinus coryli*. Gyll.).

Fig. 7. — Brachydère blanchâtre (*Brachyderes incanus*. Lin.).

Fig. 8. — Hylobe du pin (*Hylobius abietis*. Sch.).

Fig. 9. — Phyllobie argentée (*Phyllobius argentatus*. Lin.).

Fig. 10. — Pissode noté (*Pissodes notatus*. Herbst.). 10ª, pied d'un jeune pin rongé par le pissode noté.

Fig. 11. — Pissode du sapin (*Pissodes piceæ*. Illig.). 11ª, portion d'écorce de sapin vue en dessous, montrant une galerie de cet insecte.

Fig. 12. — Brachonyx indigène (*Brachonyx indigena*. Sch.). 12ª, aiguilles de pin rongées par cet insecte.

Fig. 13. — Balanine des glands (*Balaninus glandium*. Sch.).

Fig. 14. — Orcheste du hêtre (*Orchestes fagi*. Illig.). 14ª, feuille de hêtre rongée par cet insecte et contenant la coque dans laquelle il s'est transformé en nymphe.

PLANCHE XIII. (7)

—

Fig. 1. — Bostriche typographe (*Bostrichus typographus*. Lin.). 1ᵃ son tarse ; 1ᵇ larve ; 1ᶜ nymphe.

Fig. 2. — Bostriche sténographe (*Bostrichus stenographus*, Dufts.).

Fig. 3. — Bostriche du mélèze (*Bostrichus laricis*. Fab.).

Fig. 4. — Bostriche curvidenté, ☧ (*Bostrichus curvidens*. Germ.).

Fig. 5. — Bostriche chalcographe, ☧ (*Bostrichus chalcographus*. Lin.).

Fig. 6. — Bostriche velu, ♀ (*Bostrichus villosus* Fab.).

Fig. 7. — Bostriche liseré, ☧ (*Bostrichus lineatus*. Gyll.).

Fig. 8. — Scolyte destructeur (*Scolytus destructor*. Oliv.). 8ᵃ son abdomen vu de profil ; 8ᵇ son tarse.

Fig. 9. — Scolyte de ratzeburg (*Scolytus ratzeburgii*. Jans.). 9ᵃ *id.*, vu de profil.

Fig. 10. — Scolyte embrouillé (*Scolytus intricatus*. Koch.). 10ᵃ, abdomen vu de profil ; 10ᵇ ; larve ; 10ᶜ ; nymphe.

PLANCHE XIV. (8)

—

Fig. 1. — Hylésine piniperde (*Hylesinus piniperda*. Lin.). 1ᵃ patte ;
1ᵇ larve ; 1ᶜ nymphe ; 1ᵈ plaque *réduite* d'écorce de pin vue en dessous
pour montrer la disposition des galeries de l'hylésine piniperde ; 1ᵉ aspect
d'un jeune pin dont les pousses ont été coupées par l'hylésine.

Fig. 2. — Hylésine noir (*Hylesinus ater*. Payk.).

Fig. 3. — Hylésine mineur (*Hylesinus cunicularius*. Kn.).

Fig. 4. — Hylésine brun (*Hylesinus palliatus*. Gyll.).

Fig. 5. — Hylésine du frêne (*Hylesinus fraxini*. Fab.). 5ᵃ plaque
réduite d'écorce de frêne vue en dessous et montrant la disposition des
galeries de la larve.

Fig. 6. — Apate capucin (*Apate capucina*. Fab.). 6ᵃ larve.

Fig. 7. — Colydie allongée (*Colydium elongatum*. Fab.). 7ᵃ larve ;
7ᵇ nymphe.

Fig. 8. — Platype cylindrique (*Platypus cylindrus*. Fab.). 8ᵃ larve ;
8ᵇ nymphe.

PLANCHE XV. (9)

—

Dimensions réduites.

Fig. 1. — Galeries du bostriche typographe sur l'écorce de l'épicéa.

Fig. 2. — Galeries du bostriche chalcographe sur l'écorce de l'épicéa.

Fig. 3. — Galeries du bostriche du mélèze sur l'écorce du pin.

Fig. 4. — Galeries du scolyte destructeur sur l'écorce de l'orme.

Fig. 5. — Galeries du scolyte de ratzeburg sur l'écorce du bouleau.

Fig. 6. — Galeries du bostriche curvidenté sur l'écorce du sapin.

PLANCHE XVI. (10)

—

Fig. **1.** — Spondyle buprestoïde (*Spondylis buprestoïdes*. Fab.).

Fig. **2.** — Grand capricorne (*Cerambyx heros*. Fab.). 2ᵃ larve ; 2ᵇ nymphe.

Fig. **3.** — Callidie sanguine (*Callidium sanguineum*. Lin.).

Fig. **4.** — Clyte arqué (*Clytus arcuatus*. Fab.).

Fig. **5.** — Lamie charpentière (*Lamia œdilis*. Lin.).

Fig. **6.** — Saperde chagrinée (*Saperda carcharias*. Fab.). 6ᵃ tige de peuplier attaquée par cette saperde.

Fig. **7.** — Saperde du peuplier (*Saperda populnea*. Lin.). 7ᵃ pousse de tremble attaquée par cet insecte.

Fig. **8.** — Jeune pousse de coudrier creusée par la saperde linéaire (*Saperda linearis*. Lin.).

Fig. **9.** — Rhagie chercheuse (*Rhagium indagator*. Fab.). 9ᵃ portion d'écorce vue en dessous, contenant un nid de la nymphe de cet insecte.

PLANCHE XVII. (11)

—

COLÉOPTÈRES CHRYSOMÉLINES.

Fig. 1. — Chrysomèle du peuplier (*Chrysomela populi.* Lin.).

Fig. 2. — Chrysomèle du tremble (*Chrysomela tremulœ.* Fab.). 2ᵃ larves et nymphes.

Fig. 3. — Clytre quadriponctué (*Clythra quadripunctata.* Fab.).

Fig. 4. — Galéruque de l'aune, à ses différents états (*Galeruca alni.* Fab.).

Fig. 5. — Galéruque de l'orme (*Galeruca calmariensis.* Fab.).

Fig. 6. = Altise des potagers (*Altica oleracea.* Fab.).

COLÉOPTÈRES APHIDIPHAGES.

Fig. 7. — Coccinelle sept-points (*Coccinella septempunctata.* Fab.). 7ᵃ larve ; 7ᵇ nymphe.

PLANCHE XVIII. (12)

—

PLANCHE XIX. (13)

—

Fig. 1. — Pentatome rufipède (*Pentatoma rufipes.* Fab). 1ᵃ larve ;
1ᵇ œufs.

HÉMIPTÈRES HYDROCORISES.

Fig. 2. — Notonecte glauque (*Notonecta glauca.* Fab.).

HÉMIPTÈRES CICADAIRES.

Fig. 3. — Cigale du frêne (*Cicada orni.* Lat.).

HÉMIPTÈRES APHIDIENS.

Fig. 4. — Puceron du peuplier (*Aphis populi.* Fab.). ♀ ailée,
grossie 14 fois. 4ᵃ ♀ aptère grossie 14 fois.

Fig. 5. — Puceron de l'érable (*Aphis platanoïdes* Klt.). ♂ aptère
grossie 8 fois.

Fig. 6. — Psylle écarlate (*Psylla coccinea.* Ratz.). ♂, grossie 14
fois. 6ᵃ ♀, ailée, grossie 10 fois. 6ᵇ ♀, aptère pondant une larve, grossie
15 fois.

HÉMIPTÈRES GALLINSECTES.

Fig. 7. — Kermès de l'épicéa (*Kermes racemosus.* Ratz.) ♂, grossi
14 fois ; 7ᵃ ♀ avant la ponte, grossie 22 fois.

PLANCHE XX. (14)

—

PHÉNOMÈNES DE VÉGÉTATION DUS AUX PIQURES DES HÉMIPTÈRES
APHIDIENS ET GALLINSECTES.

Fig. 1. — Rameau d'orme couvert de galles vésiculeuses dues à plusieurs espèces de pucerons. A, galle du puceron blanc (*Aphis alba.* Ratz.). B, galle du puceron cotonneux (*Aphis lanuginosa.* Hart.). C, galle du puceron de l'orme (*Aphis ulmi.* Lin.). Presque grandeur naturelle.

Fig. 2. — Rameau d'épicéa avec les galles de la psylle écarlate. Grandeur naturelle.

Fig. 3. — Rameau d'épicéa avec une galle de la psylle verte. Grandeur naturelle.

Fig. 4. — Rameau de mélèze dont les feuilles sont en partie coudées par suite des piqûres et de la ponte de la psylle du mélèze. Grandeur naturelle. 4ᵃ une des feuilles du rameau précédent, grossie pour montrer la disposition des œufs de la psylle du mélèze.

Fig. 5. — Rameau d'épicéa sur lequel se trouvent appliquées des femelles du kermès de l'épicéa.

Fig. 6. — Kermès du charme appliqués sur une jeune branche.

PLANCHE XXI. (15)

—

NÉVROPTÈRES SUBULICORNES.

Fig. 1. — Libellule à 4 taches (*Libellula quadrimaculata.* Lin.).
1ᵃ larve.

Fig. 2. — Ephémère commune (*Ephemera vulgata.* Lin.)

NÉVROPTÈRES PLANIPENNES.

Fig. 3. — Panorpe commune (*Panorpa communis.* Lin.).

Fig. 4. — Fourmilion commun (*Myrmeleon formicarius.* Lin). 4ᵃ larve.

Fig. 5. — Raphidie notée (*Raphidia notata.* Fab.).

Fig. 6. — Hémérobe perle (*Hemerobius perla.* Lin.). 6ᵃ œufs.

Fig. 7. — Perle à deux queues (*Perla bicaudata.* Lat.).

NÉVROPTÈRES PLICIPENNES.

Fig. 8. — Frigane jaune (*Phryganea flava.* Lat.). 8ᵃ larve dans son fourreau.

PLANCHE XXII. (16)

—

HYMÉNOPTÈRES PORTE-SCIE TENTHRÉDINES.

Fig. 1. — Lyde champêtre (*Lyda campestris.* Fab.). 1^a fausse-chenille; 1^b nymphe; 1^c rameau de pin rongé par la larve de la lyde champêtre.

Fig. 2. — Lyde bleue (*Lyda erythrocephala.* Fab.). ♂ et ♂; 2^a fausse-chenille; 2^b rameau de pin rongé par la larve de la lyde bleue.

Fig. 3. — Lyde des prés (*Lyda pratensis.* Fab). ♂ et ♀; 3^a rameau de pin rongé par la larve de la lyde des prés.

PLANCHE XXIII. (17)

—

HYMÉNOPTÈRES PORTE-SCIE TENTHRÉDINES.

Fig. 1. — Lophyre du pin (*Lophyrus pini.* Lin.) ♂ et ♀ 1ª rameau de pin sur lequel se trouvent des larves, une coque et un insecte parfait au repos.

Fig. 2. — Némate septentrionale (*Nematus septentrionalis.* Lin.). 2ª feuille d'aune commun rongée par les larves de la némate septentrionale.

Fig. 3. — Némate des oseraies (*Nematus saliceti.* Dahlb.). 3ª feuille de saule couverte de galles dans lesquelles vivent les larves de la némate des oseraies.

Fig. 4. — Cladie viminale (*Cladius viminalis.* Fall.). 4ª fausse chenille.

Fig. 5. — Allante noire (*Allantus nigerrima.* Kl.). 5ª foliole de frêne avec larve d'allante noire.

Fig. 6. — Cimbex variable, ♂ (*Cimbex variabilis.* Kl.) 6ª fausses chenilles du cimbex variable sur une feuille de bouleau.

—

HYMÉNOPTÈRES PORTE-SCIE UROCÉRES.

Fig. 1. — Sirex spectre (*Sirex spectrum*. Lin.)♀.

Fig, 2. — Sirex géant (*Sirex gigas*. Lin.) ♀.

HYMÉNOPTÈRES PUPIVORES ICHNEUMONIDES.

Fig. 3. — Ichneumon instigateur (*Ichneumon* [*Pimpla*] *instigator*. Fab.) ♂. Grandeur naturelle ; parasite des chrysalides des lasiocampes, liparis, bombyces, noctuelles, etc.

Fig. 4. — Ichneumon manifestateur (*Ichneumon* [*Ephialtes*] *manifestator*. Lin.) ♀. Grandeur naturelle ; parasite des larves des gros coléoptères qui vivent dans la tige des arbres.

Fig. 5. — Ichneumon comprimé (*Ichneumon* [*Banchus*] *compressus*. Fab.) ♀. Grandeur naturelle ; parasite très-commun des chenilles de la noctuelle piniperde.

Fig. 6. — Ichneumom stercoraire (*Ichneumon* [*Ophion*] *merdarius* Grav.). Grandeur naturelle ; parasite de la chenille de la noctuelle piniperde.

Fig. 7. — Ichneumom forestier (*Ichneumon* [*Microgaster*] *nemorum*, Hartig). grossi 5 fois 1[2 : parasite des chenilles du lasiocampe du pin.

HYMÉNOPTÈRES PUPIVORES CHALCIDITES.

Fig. 8. — Chrysolampe solitaire (*Chrysolampus solitarius*. Hartig). Grossi 12 fois ; parasite solitaire des œufs du lasiocampe du pin.

Fig. 9. — Téléas lisse (*Teleas lœviusculus*. Ratz.). Grossi 18 fois ; parasite des œufs du lasiocampe du pin, au nombre de 12 individus quelquefois dans chaque œuf.

PLANCHE XXV. (19)

—

HYMÉNOPTÈRES PUPIVORES GALLICOLES.

Fig. 1. — Cynips de la feuille du chêne (*Cynips quercús folii*. Lin.). Grandeur naturelle. 1ª. Galles du cynips de la feuille du chêne. $^1/_2$ de grandeur naturelle.

Fig. 2. — Cynips de la cupule du chêne (*Cynips quercús calycis*. Lin.). Grandeur naturelle. 2ª. Galle du cynips de la cupule du chêne. $^2/_3$ de grandeur naturelle.

Fig. 3. — Galles du Cynips irritant. $^1/_2$ de grandeur naturelle.

Fig. 4. — Bédéguar, galle du cynips du rosier. $^1/_2$ de grandeur naturelle.

HYMÉNOPTÈRES PUPIVORES CHRYSIDES.

Fig. 5. — Chrysis enflammé (*Chrysis ignita*. Fab.). Grossi 3 fois.

HYMÉNOPTÈRES FOUISSEURS.

Fig. 6. — Sphex des sables. (*Sphex sabulosa*. Fab.). Grandeur naturelle.

HYMÉNOPTÈRES HÉTÉROGYNES.

Fig. 7. — Fourmi ronge-bois ♀ (*Formica herculeana*. Lin.). 7ª id. ♂. 7b, id. ouvrière. Grandeur naturelle.

Fig. 8. — Fourmi rousse, ♀ (*Formica rufa*. Lin.) 8ª, id., ♂. 8b, id., ouvrière. Grandeur naturelle.

HYMÉNOPTÈRES DIPLOPTÈRES.

Fig. 9. — Guêpe frelon (*Vespa crabro*. Lin.), ouvrière. 9ª larve ; 9b nymphe. Grandeur naturelle pour l'insecte parfait.

HYMÉNOPTÈRES MELLIFÈRES.

Fig. 10. — Xylocope violette (*Xylocopa violacea*. Lin.). ♂ Grandeur naturelle.

Fig. 11. — Abeille domestique (*Apis mellifica*. Lin.). ouvrière. Grandeur naturelle.

PLANCHE XXVI. (20)

LÉPIDOPTÈRES DIURNES SUCCEINTS.

Fig. 1. — Piéride gazée (*Pieris cratægi*. Lin.). 1ª œufs grossis ; 1b, 1c, 1d, chenilles, chrysalides et œufs sur rameau d'épine blanche.

LÉPIDOPTÈRES DIURNES SUSPENDUS.

Fig. 2. — Vanesse grande-tortue (*Vanessa polychloros*. Lin.). 2ª œufs grossis ; 2b chenille sur rameau d'orme ; 2c chrysalide.

LÉPIDOPTÈRES DIURNES ENROULÉS.

Fig. 3. — Hespérie tagès (*Hesperia* [*Tanaos*] *tages*. Lin.).

PLANCHE XXVII. (21)

—

Fig. 1. — Sphinx du pin (*Sphinx pinastri*. Lin.). 1ª rameau de pin chargé d'œufs et de chenilles ; 1ᵇ chrysalide.

Fig. 2. — Sésie apiforme (*Sesia apiformis*. Lin.). 2ª, *id.*, à l'état de repos ; 2ᵇ chenille ; 2ᶜ chrysalide.

PLANCHE XXVIII. (22)

—

Fig. 1. — Cossus gâte-bois, ♀ (*Cossus ligniperda*. Fab.). 1ᵃ, *id.* ♂ au repos ; 1ᵇ chenille ; 1ᶜ chrysalide.

Fig. 2. — Zeuzère du marronnier (*Zeuzera æsculi*. Lin.). 2ᵃ chenille dans l'intérieur d'une branche ; 2ᵇ chrysalide.

PLANCHE XXIX. (23)

—

LÉPIDOPTÈRES NOCTURNES BOMBYCITES.

Fig. 1. — Liparis moine, ♀ (*Liparis monacha.* Lin.). 1a *id.*, ♂, au repos ; 1b œufs ; 1c chenilles sur un rameau de pin ; 1d chrysalide.

Fig. 2. — Liparis disparate, ♀ (*Liparis dispar.* Lin.). 2a *id.*, ♂, au repos ; 2b chenille sur un rameau de chêne ; 2c chrysalide.

PLANCHE XXX. (24)

—

LÉPIDOPTÈRES NOCTURNES BOMBYCITES.

Fig. 1. — Liparis du saule (*Liparis salicis.* Lin.). 1a chenille ; 1b chrysalide.

Fig. 2. — Liparis chrysorrhée (*Liparis chrysorrhea.* Lin.). 2a chenille ; 2b chrysalide.

Fig. 3. — Liparis cul-doré (*Liparis auriflua.* Lin.). 3a chenille.

Fig. 4. — Orgye pudibonde (*Orgya pudibunda.* Lin.). 4a chenille ; 4b chrysalide.

Fig. 5. — Bombyce livrée (*Bombyx neustria.* Lin.). 5a œufs disposés en bague ; 5b chenille ; 5c chrysalide.

PLANCHE XXXI. (25)

—

LÉPIDOPTÈRES NOCTURNES BOMBYCITES.

Fig. 1. — Bombyce laineux (*Bombyx lanestris*. Lin.). 1ᵃ chenilles sur un rameau de bouleau; 1ᵇ coque renfermant la chrysalide.

Fig. 2. — Bombyce pinivore, ♂ et ♀ (*Bombyx pinivora*. Tr.). 2ᵃ chenille grossie ; 2ᵇ chenille adulte, grandeur ordinaire ; 2ᶜ coque de la chrysalide ; 2ᵈ chrysalide.

Fig. 3. — Bombyce processionnaire, ♂ et ♀ (*Bombyx processionnea*. Lin.). 3ᵃ chenille sur un rameau de chêne ; 3ᵇ coque ; 3ᶜ chrysalide.

PLANCHE XXXII. (26)

—

LÉPIDOPTÈRES NOCTURNES BOMBYCITES.

Fig. 1. — Lasiocampe du pin (*Lasiocampa pini*. Lin.). 1a ♂ et ♀, accouplés sur un fragment d'écorce, sur lequel on distingue déjà des œufs ; 1b rameau de pin, chargé d'œufs, de chenilles de différentes grosseurs et de cocons ; 1c œufs, dont le premier est grossi ; 1d chrysalide sortie de la coque.

PLANCHE XXXIII. (27)

—

LÉPIDOPTÈRES NOCTURNES GÉOMÈTRES.

Fig. 1. — Fidonie du pin (*Fidonia piniaria*. Lin.). ♂ et ♀. 1ª chenille ; 1ᵇ chrysalide.

Fig. 2. — Macarie effacée (*Macaria lituraria*. H.). 2ª *id.*, vue en dessous ; 2ᵇ chenille ; 2ᶜ chrysalide.

Fig. 3. — Amphidase du bouleau (*Amphidasis betularia*. Lin.). 3ª chenille ; 3ᵇ chrysalide.

Fig. 4. — Larentie hyémale (*Larentia brumata*. Lin.). ♂ et ♀ 4ª chenille ; 4ᵇ chrysalide.

Fig. 5. — Noctuelle piniperde (*Noctua piniperda*. Lat.). ♂ ; 5ª œufs grossis ; 5ᵇ chenille ; 5ᶜ chrysalide.

PLANCHE XXXIV. (28)

LÉPIDOPTÈRES NOCTURNES. TRIBU DES TORDEUSES.

Fig. 1. — Pyrale des pousses (*Pyralis buoliana*. Fab.). 1ª chenille ; 1ᵇ chrysalide ; 1ᶜ rameau de pin dont les jeunes pousses, qui se développent, sont attaquées par cette pyrale.

Fig. 2. — Pyrale des bourgeons (*Pyralis turionana*. Lin.). 2ª chenille ; 2ᵇ chrysalide ; 2ᶜ rameau de pin dont les bourgeons sont rongés et ne s'allongent pas.

PLANCHE XXXV. (29)

—

Fig. **1.** — Pyrale de la résine (*Pyralis resinana*. Lin). 1ᵃ chenille ;
1ᵇ chrysalide ; 1ᶜ galle résineuse produite par la chenille.

Fig. **2.** — Pyrale de l'épicéa ; ☿ et ♀ (*Pyralis piceana*. Lin.).
2ᵃ chenille ; 2ᵇ chrysalide.

Fig. **3.** — Pyrale des cônes (*Pyralis strobilana*. Lin.). 3ᵃ chenille ;
3ᵇ chrysalide ; 3ᶜ cône coupé longitudinalement pour faire voir les galeries
des chenilles.

PLANCHE XXXVI. (30)

LÉPIDOPTÈRES NOCTURNES. TRIBU DES TORDEUSES.

Fig. 1. — Pyrale des verticilles (*Pyralis dorsana.* Hubn.). 1ª variété ; 1ᵇ chenille ; 1ᶜ chrysalide.

Fig. 2. — Pyrale hercynienne (*Pyralis hercyniana.* Usl.). 2ª chenille ; 2ᵇ chrysalide ; 2ᶜ rameau d'épicéa attaqué par la chenille de cette pyrale ; 2ᵈ feuilles grossies d'épicéa pour montrer la manière dont elles sont rongées.

PLANCHE XXXVII. (31)

—

Fig. 1. — Pyrale verte (*Pyralis viridana.* Lin.). 1ª, la même à l'état de repos ; 1ᵇ chenille ; 1ᶜ chrysalide ; 1ᵈ bourgeon attaqué par la chenille.

Fig. 2. — Pyrale des pommes (*Pyralis pomonana.* Lin.). 2ª chenille ; 2ᵇ chysalide ; 2ᶜ pomme coupée par son milieu, et attaquée par la chenille de cette pyrale.

LÉPIDOPTÈRES NOCTURNES TINÉITES.

Fig. 3. — Teigne déprimée (*Tinea complanella.* Hubn.). 3ª chenille ; 3ᵇ chrysalide ; 3ᶜ feuille de chêne minée par la chenille.

PLANCHE XXXVIII. (32)

LÉPIDOPTÈRES NOCTURNES TINÉITES.

Fig. 1. — Teigne du cerisier à grappe (*Tinea padella.* Lin.). 1a rameau de cerisier à grappe chargé d'un nid de chenilles.

Fig. 2. — Teigne voisine (*Tinea cognatella.* Hubn.).

Fig. 3. — Teigne du fusain (*Tinea evonymella.* Lin.).

PLANCHE XXXIX. (33)

—

LÉPIDOPTÈRES NOCTURNES TINÉITES.

Fig. 1. — Nid formé de coques des chrysalides de la teigne voisine.

LÉPIDOPTÈRES NOCTURNES FISSIPENNES.

Fig. 2. — Ptérophore en éventail (*Pterophorus hexadactylus*. Fab).
Grossi. 1ª, grandeur ordinaire.

PLANCHE XL. (54)

—

DIPTÈRES CULICIDES.

Fig. 1. — Cousin commun, ☿ (*Culex pipiens.* Lin.).

DIPTÈRES TIPULAIRES GALLICOLES.

Fig. 2. — Cécidomyie du pin (*Cecidomyia pini.* Deg.).

Fig. 5. — Feuille de hêtre couverte de galles de la cécidomyie du hêtre (*Cecidomyia fagi.* Hartig.) a, et de la cécidomyie annulipède (*Cecidomyia annulipes.* (Hartig) b.

DIPTÈRES TABANIENS.

Fig. 4. — Taon autumnal (*Tabanus autumnalis.* Lin.).

DIPTÈRES NOTACANTHES.

Fig. 5. — Stratiomyie des fleuves (*Stratiomys potamida.* Meig.).

Fig. 6. — Asile germanique (*Asilus germanicus.* Meig.).

DIPTÈRES TANYSTOMES.

Fig. 7. — Bombyle bichon (*Bombylius major.* Lin.).

DIPTÈRES BRACHYSTOMES.

Fig. 8. — Syrphe sélénitique (*Syrphus seleniticus.* Meig.).

Fig. 9. — Syrphe galonnée (*Syrphus tœniatus.* Meig.).

DIPTÈRES ATHÉRICÈRES OESTRIDES.

Fig. 10. — OEstre du cheval (*OEstrus equi.* Clarck). 10ᵃ larve, 10ᵇ nymphe.

DIPTÈRES ATHÉRICÈRES TACHINAIRES.

Fig. 11. — Echinomyie sauvage (*Echinomyia fera.* Dum.).

Fig. 12. — Echinomyie de la noctuelle piniperde (*Echinomyia piniperdæ.* Ratz.).

TABLE.

—

OBSERVATIONS.

Le signe ☿, fréquemment employé dans l'Atlas, indique le sexe mâle.
Le signe ♀ indique le sexe femelle.

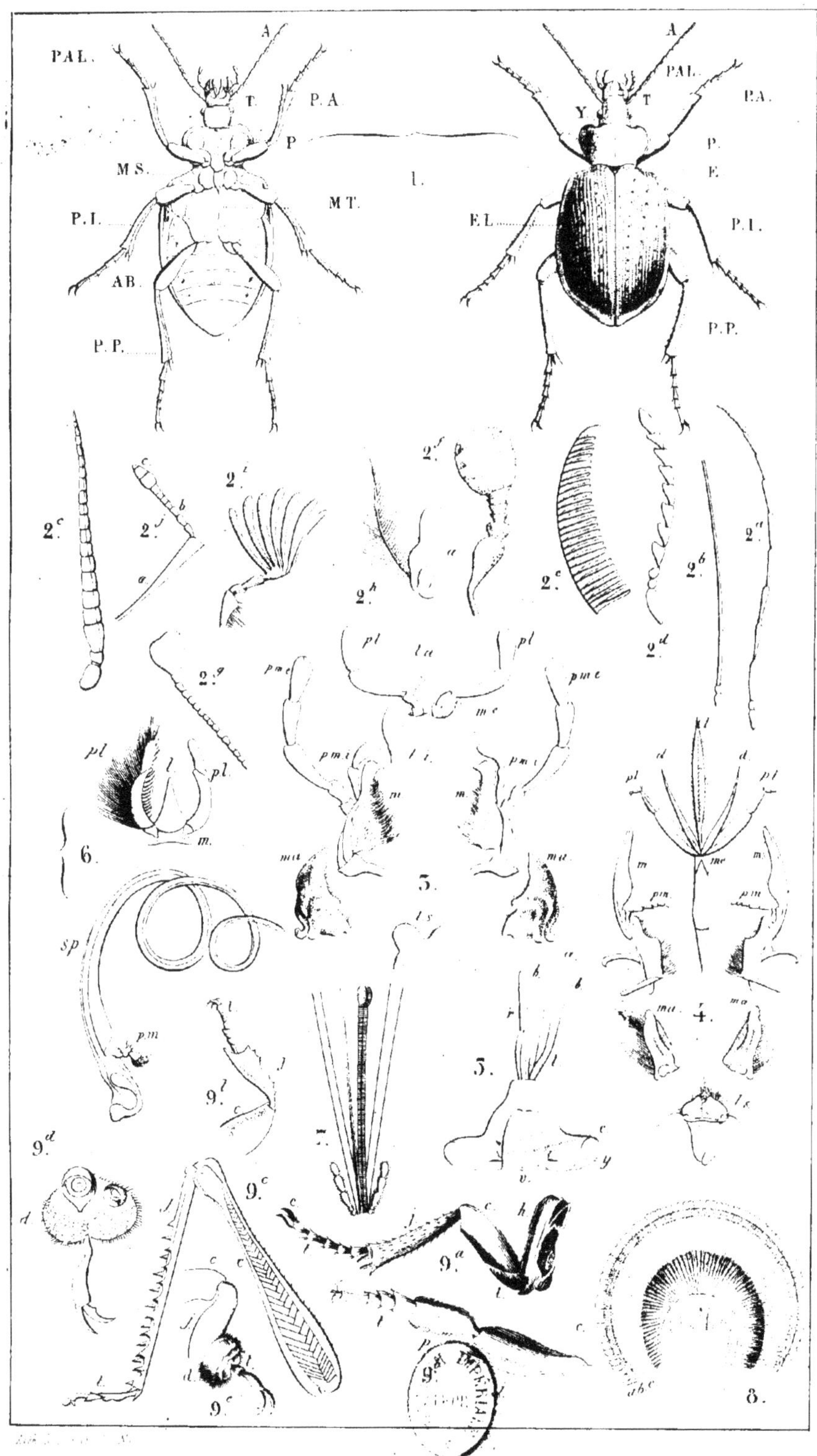

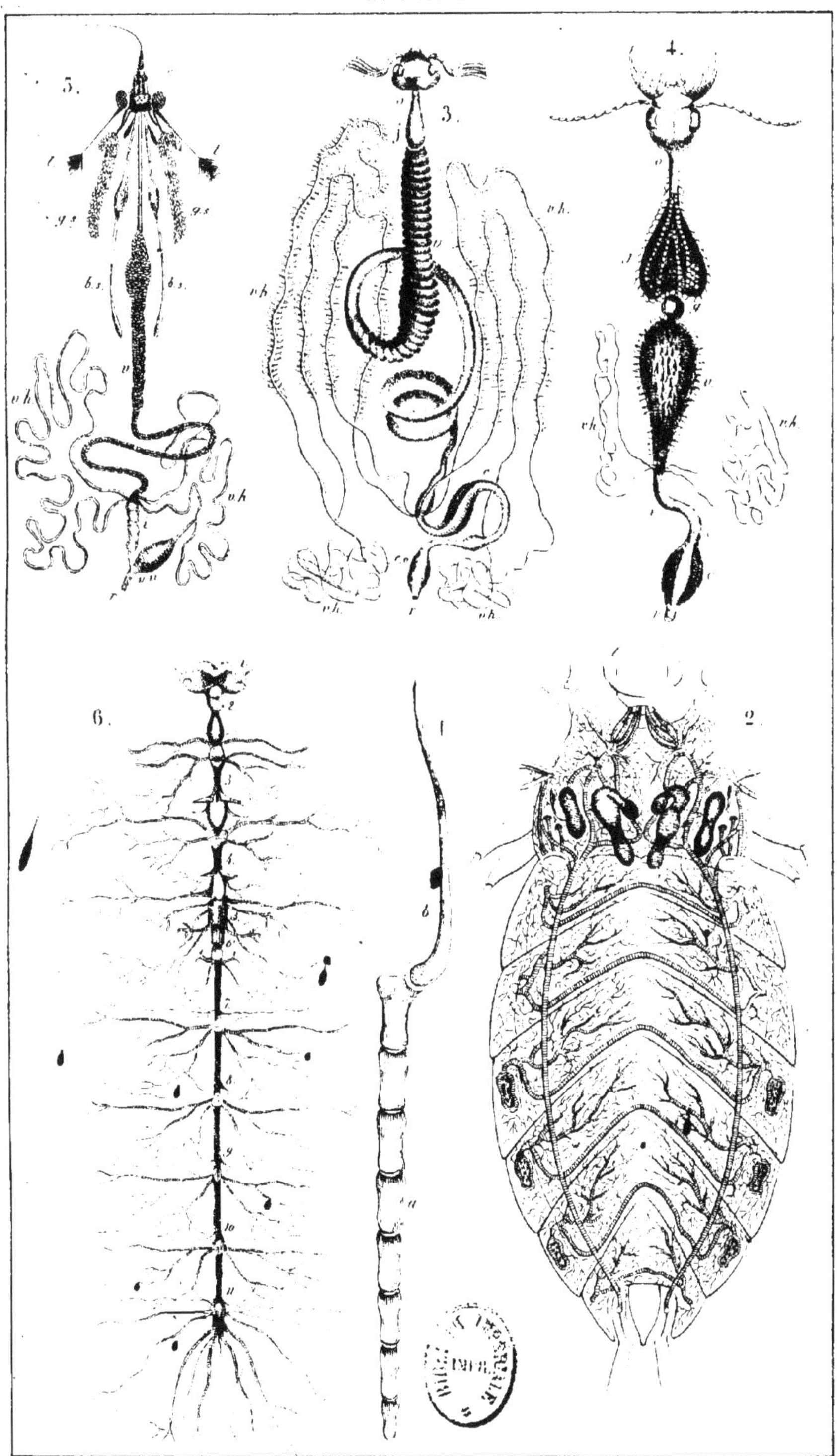

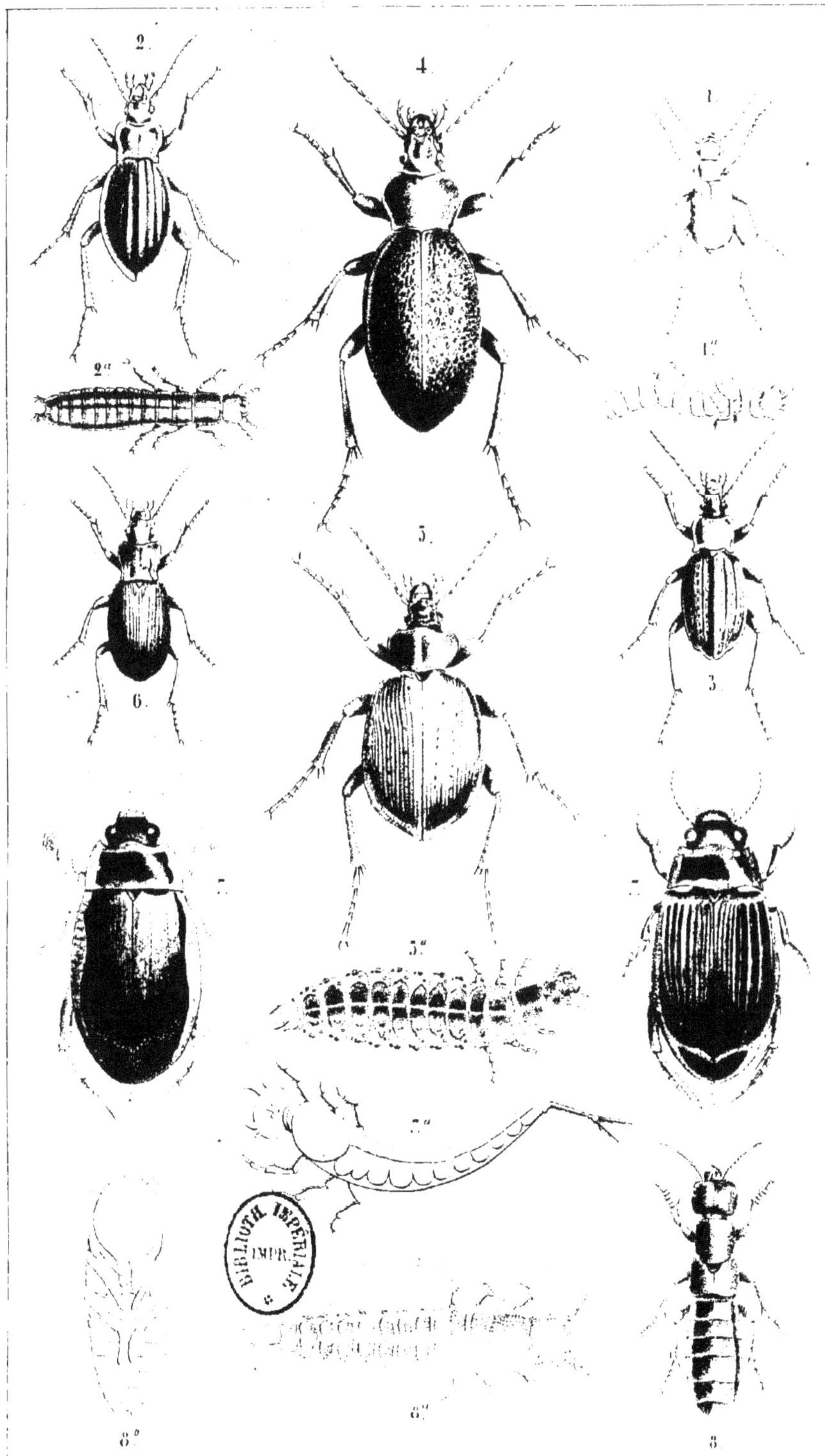

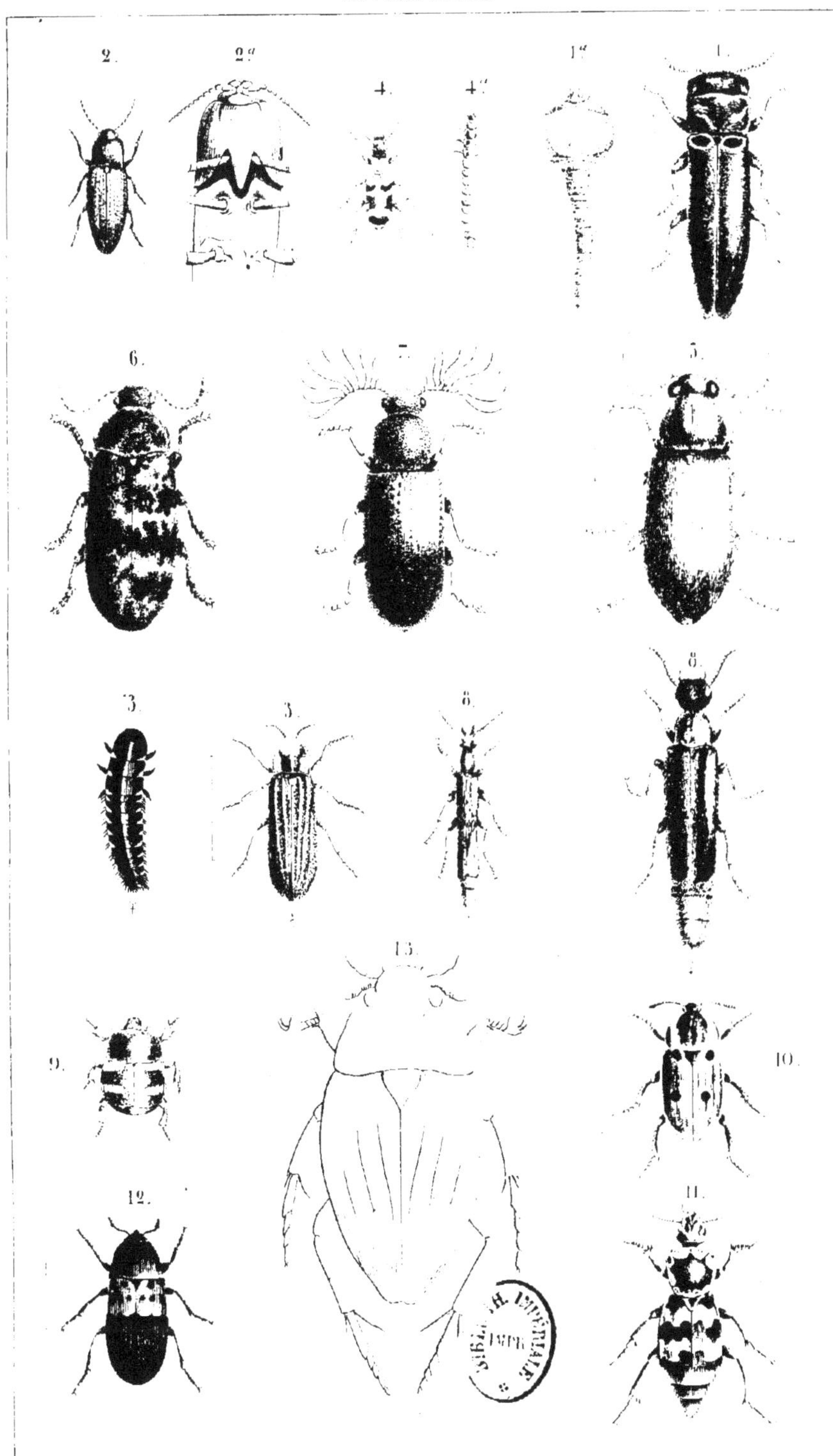

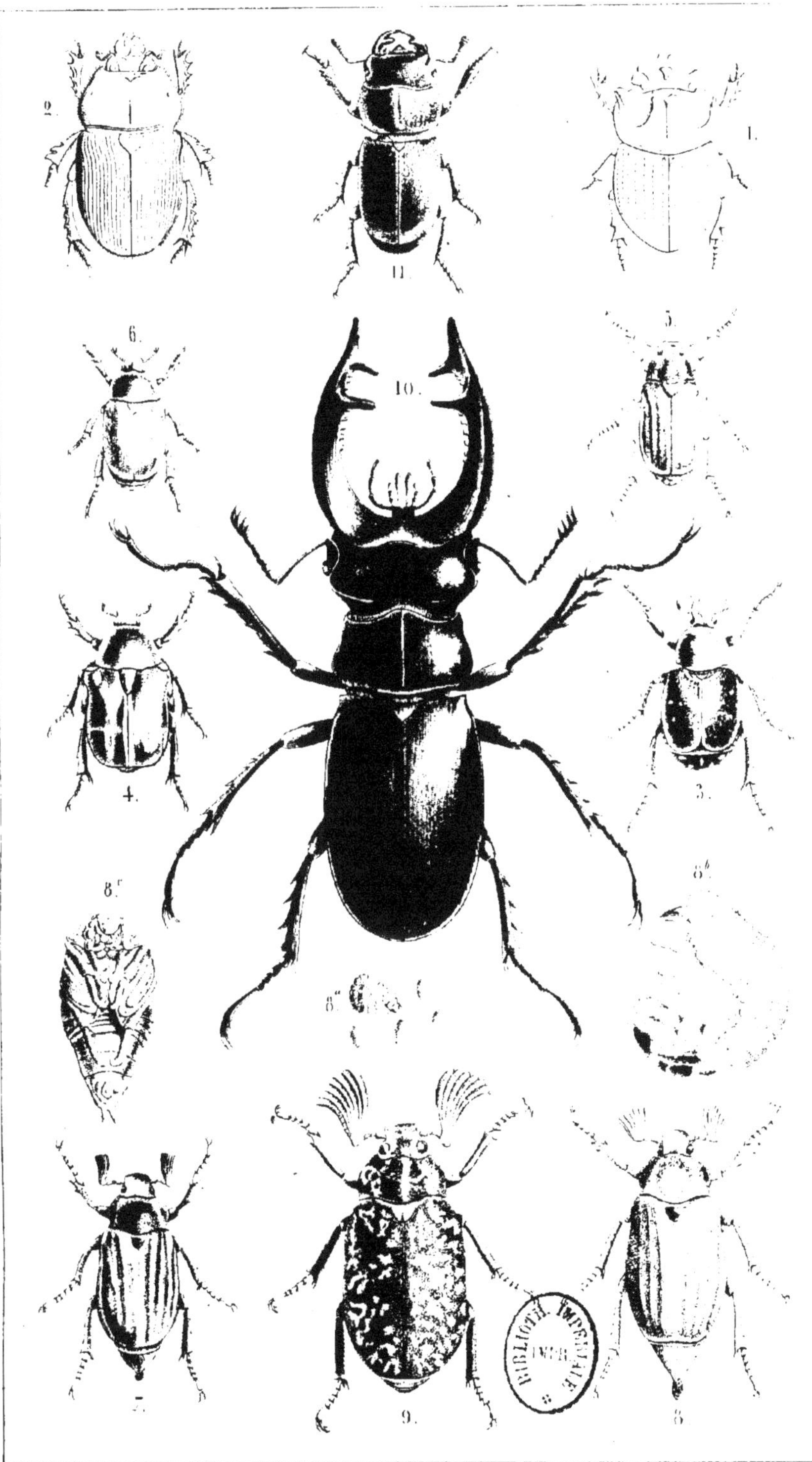

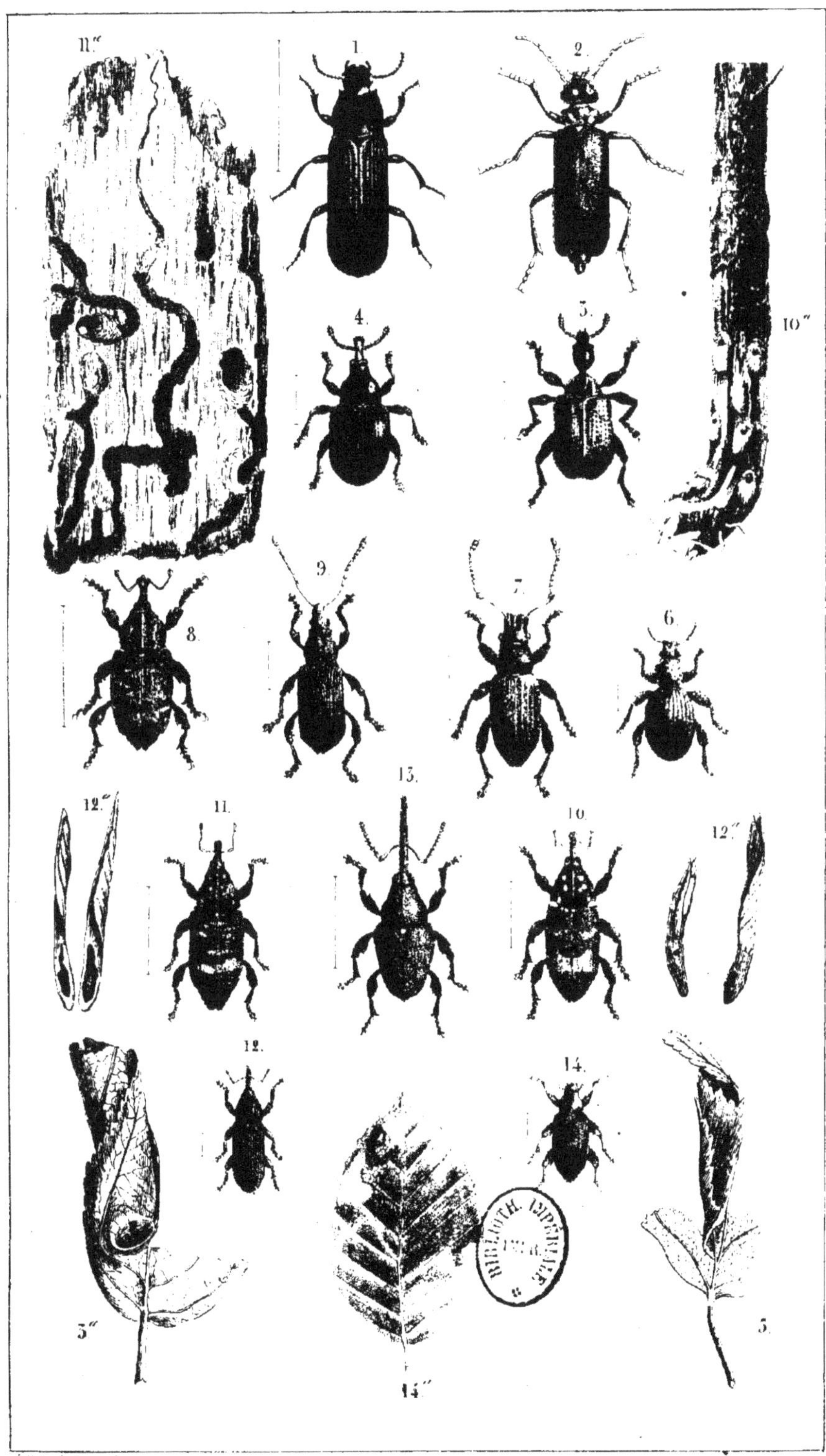

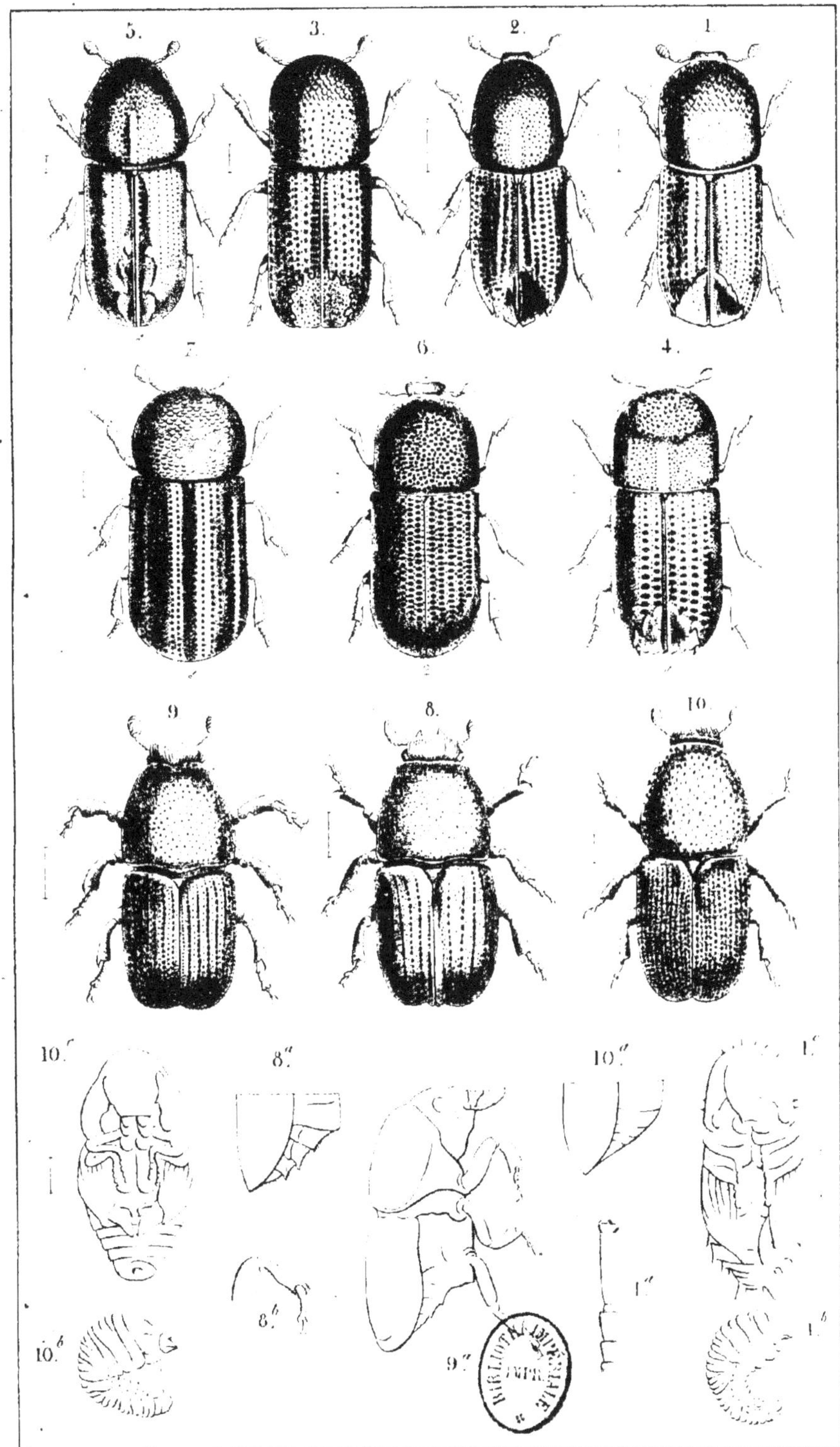

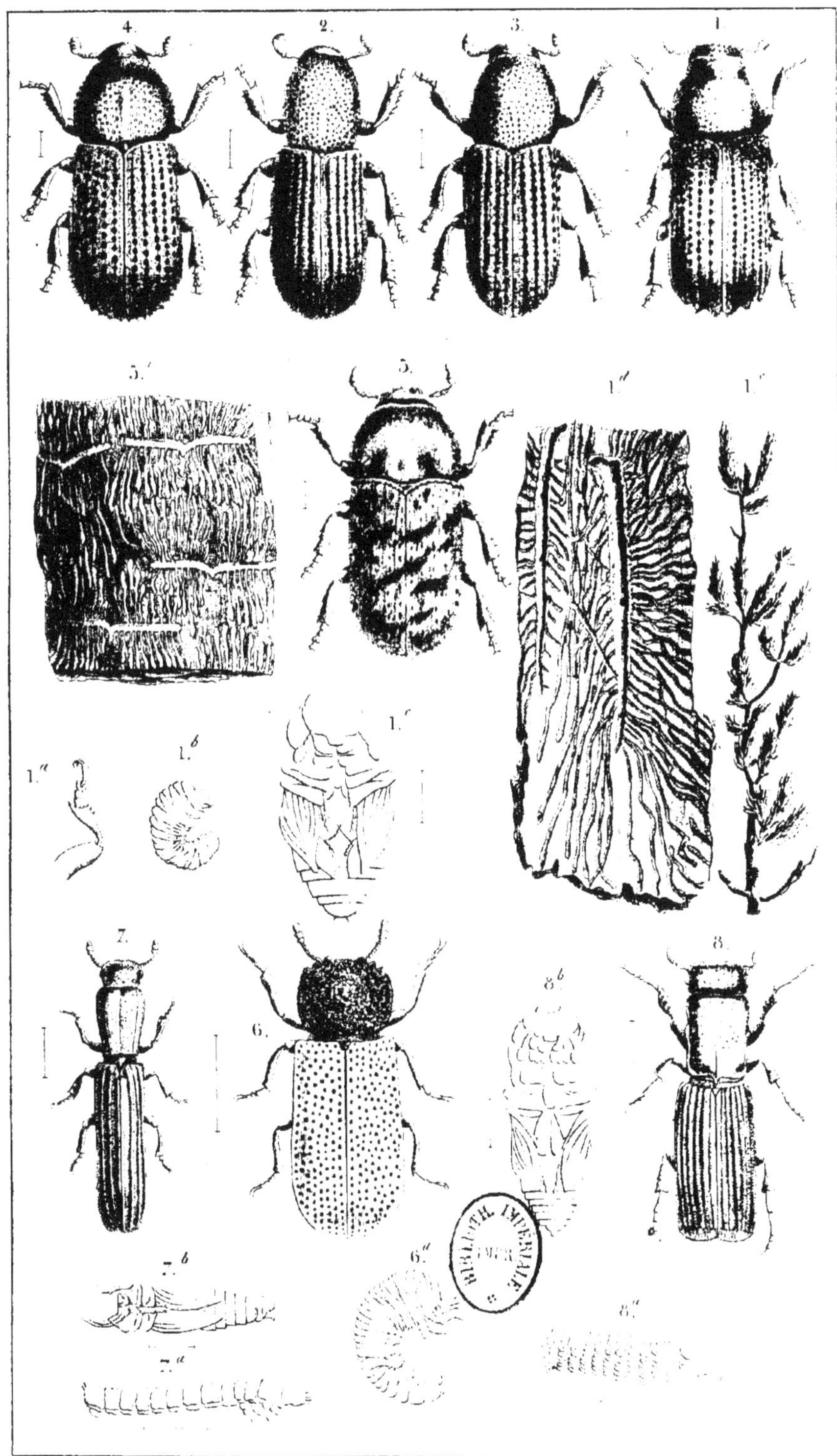

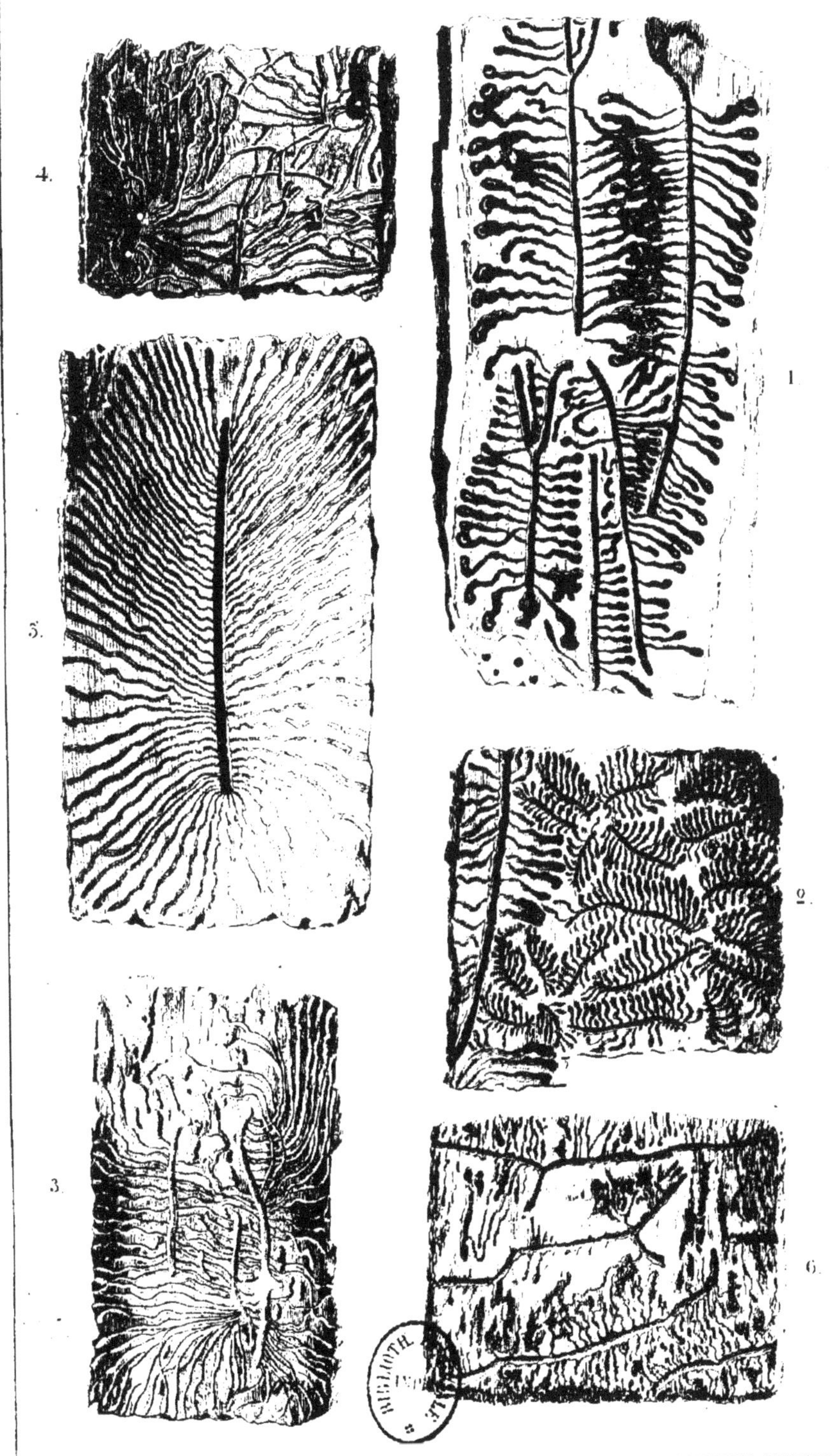

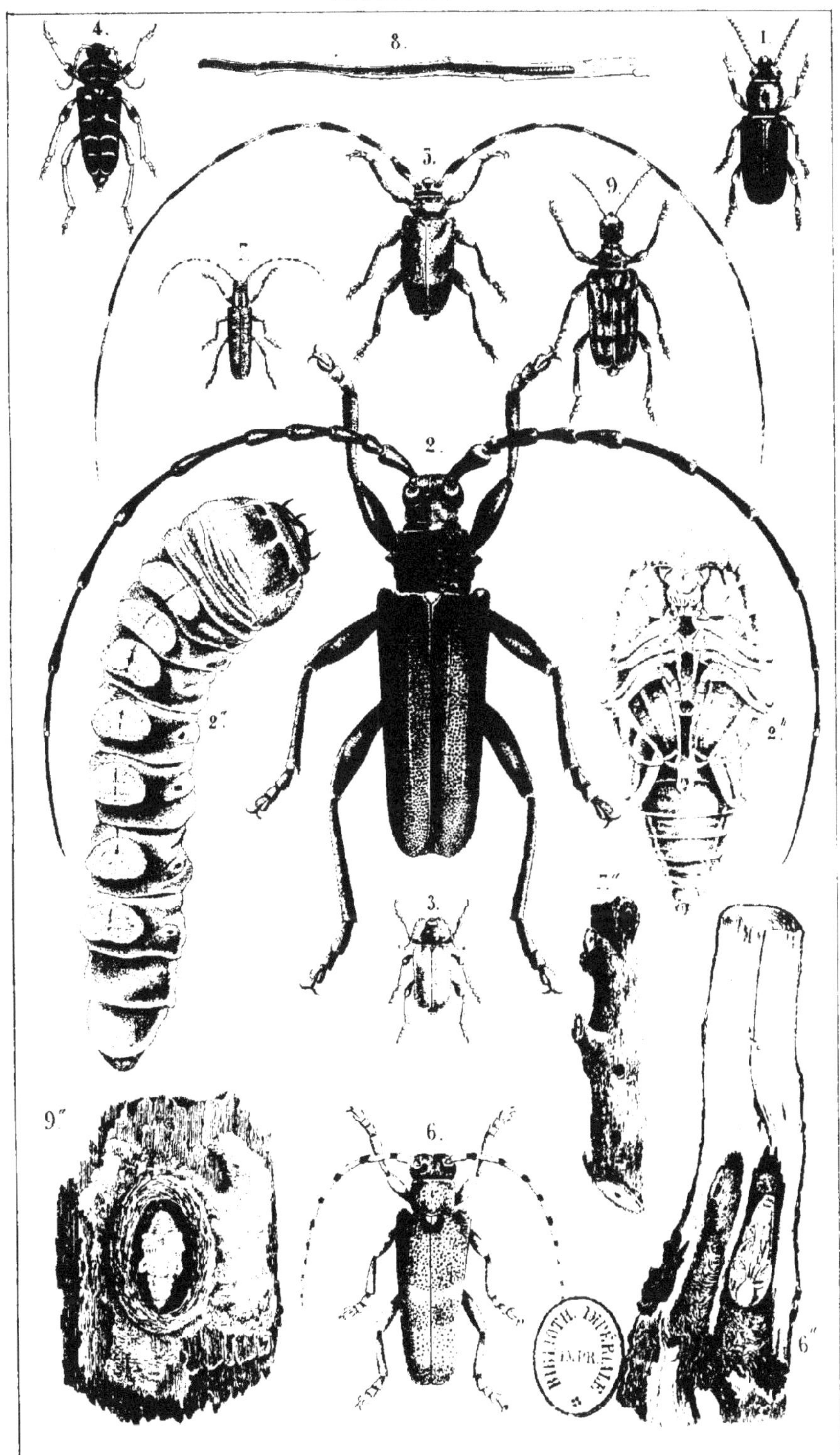

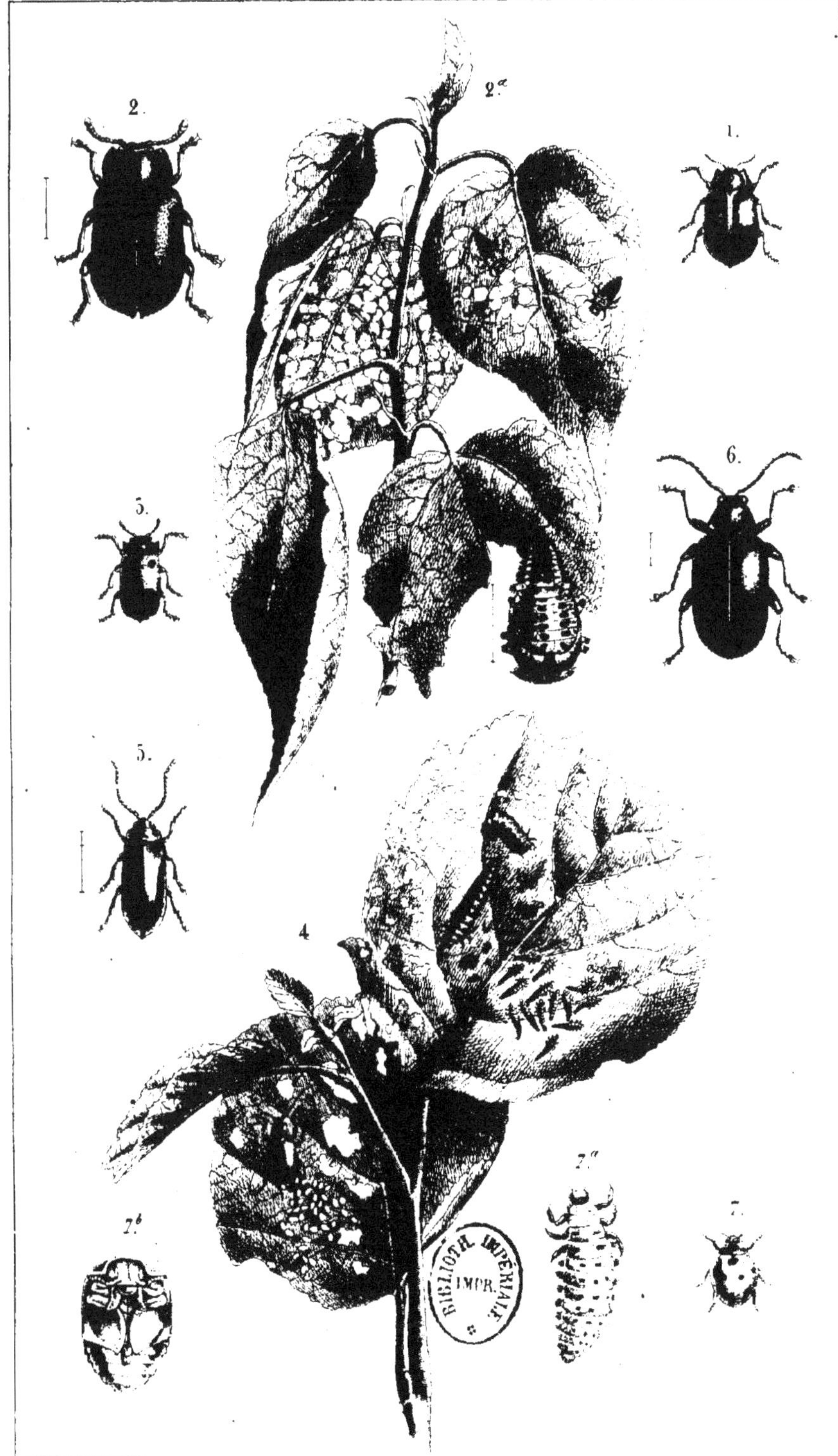

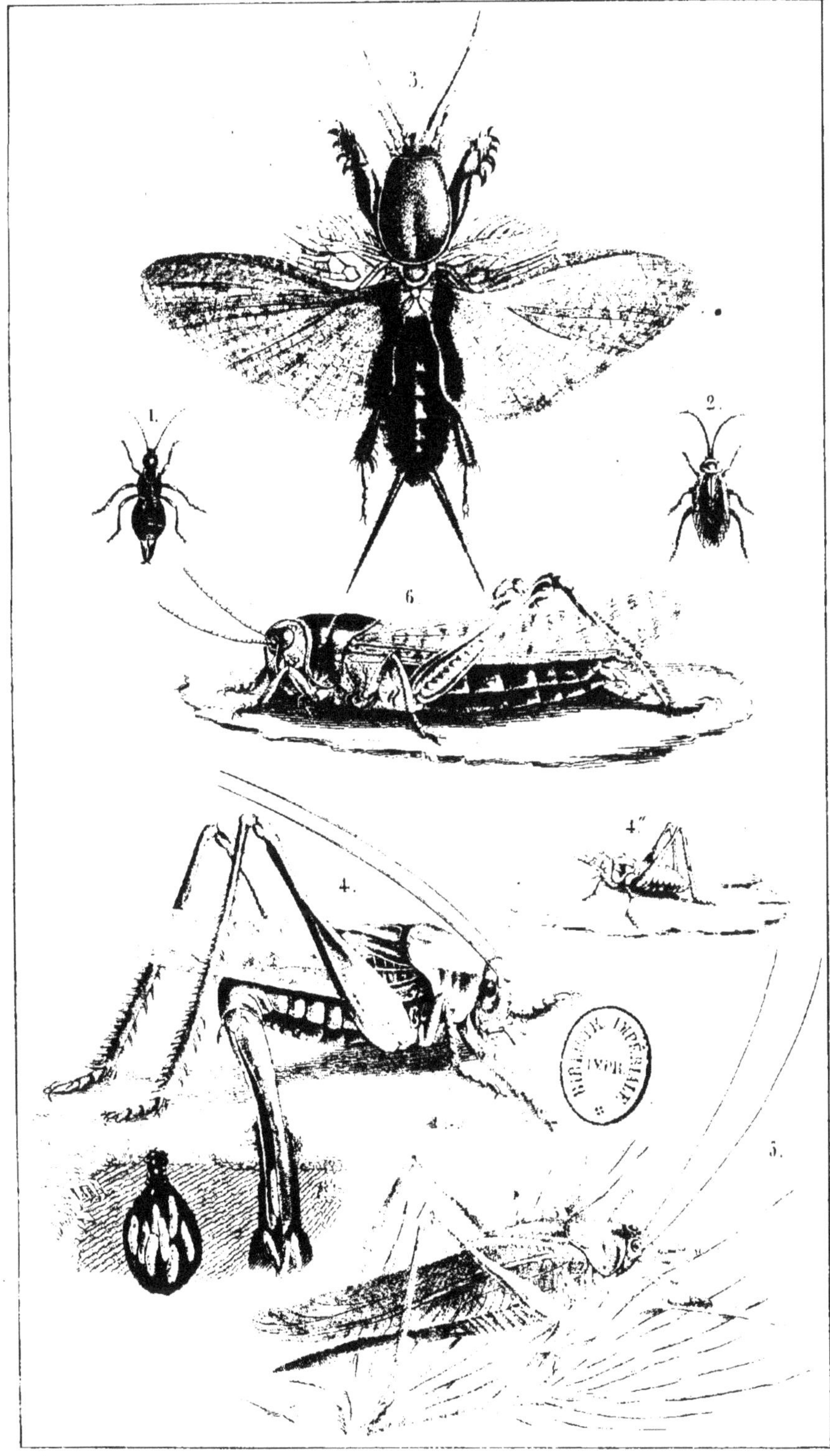

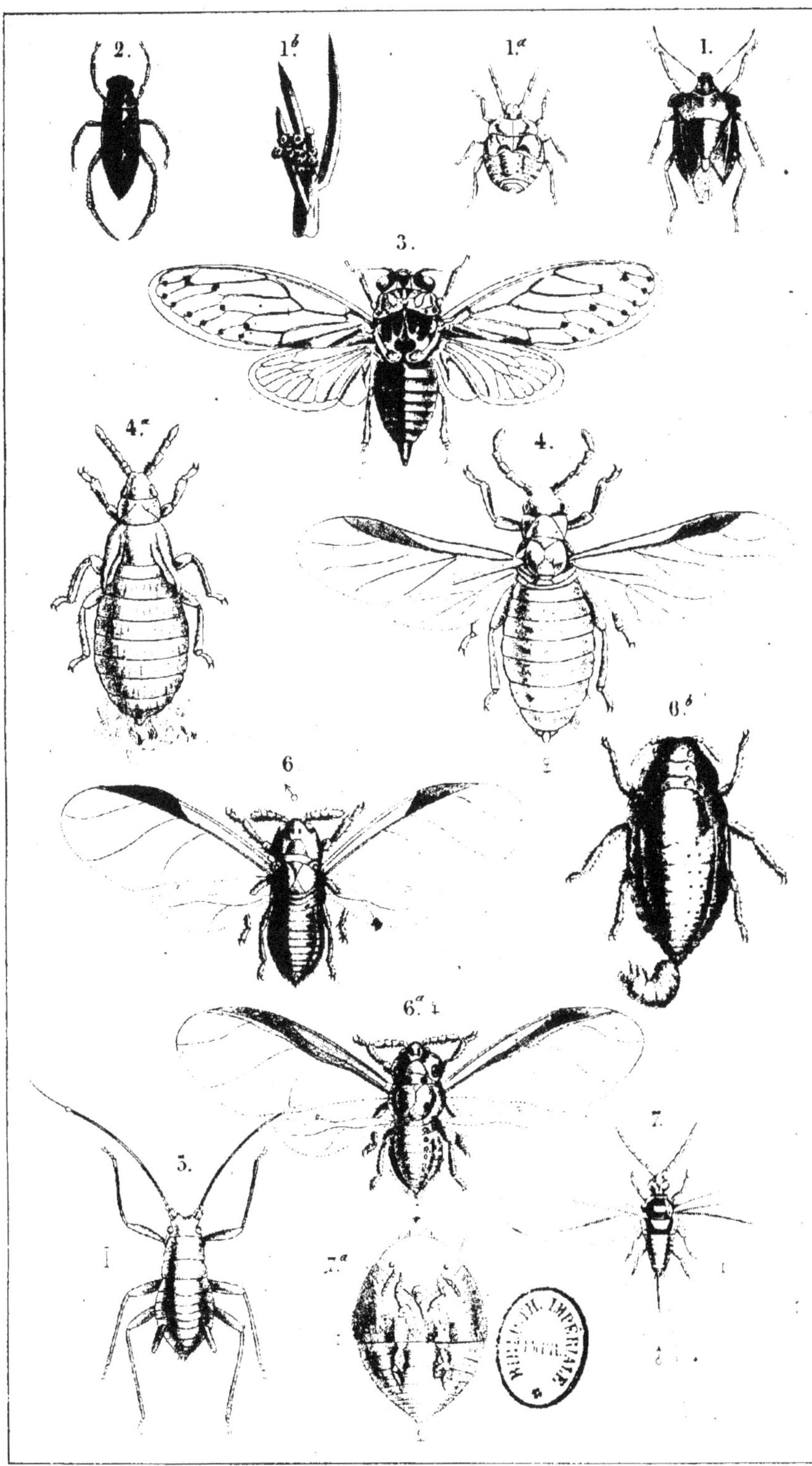
2.
1ᵇ
1ᵃ
1.
3.
4ᵃ
4.
6ᵇ
6
6ᵃ
5.
7.

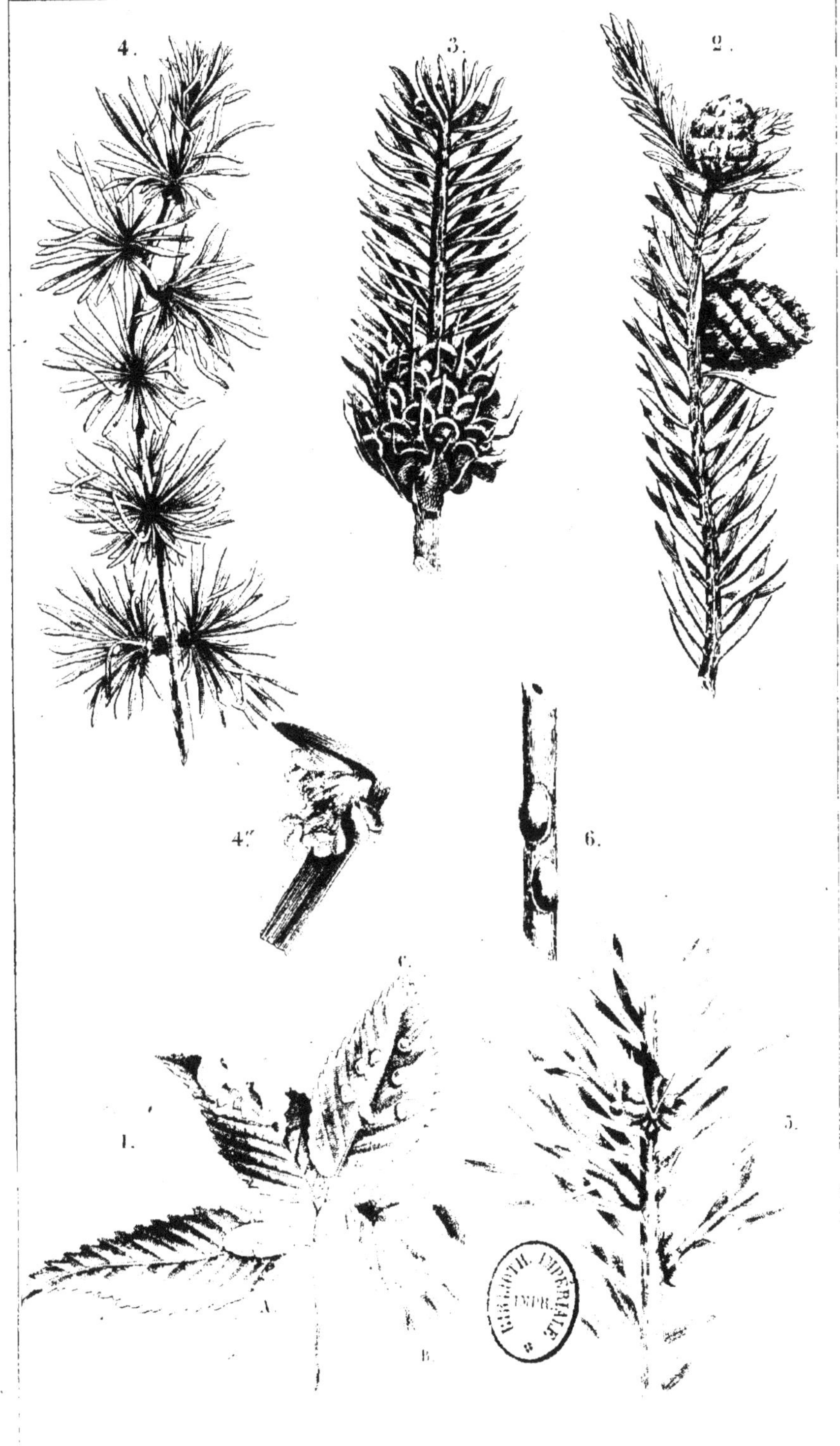

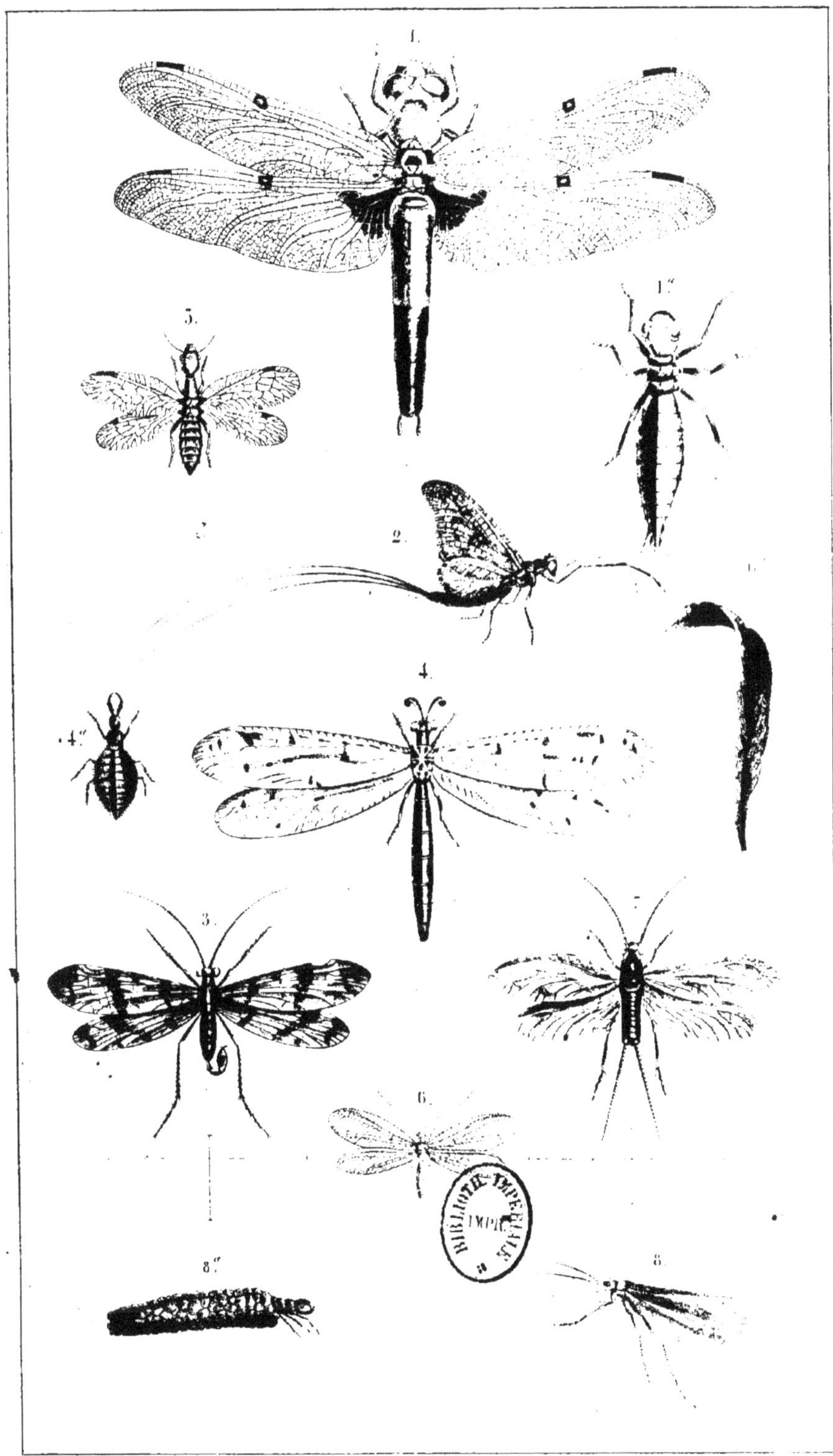

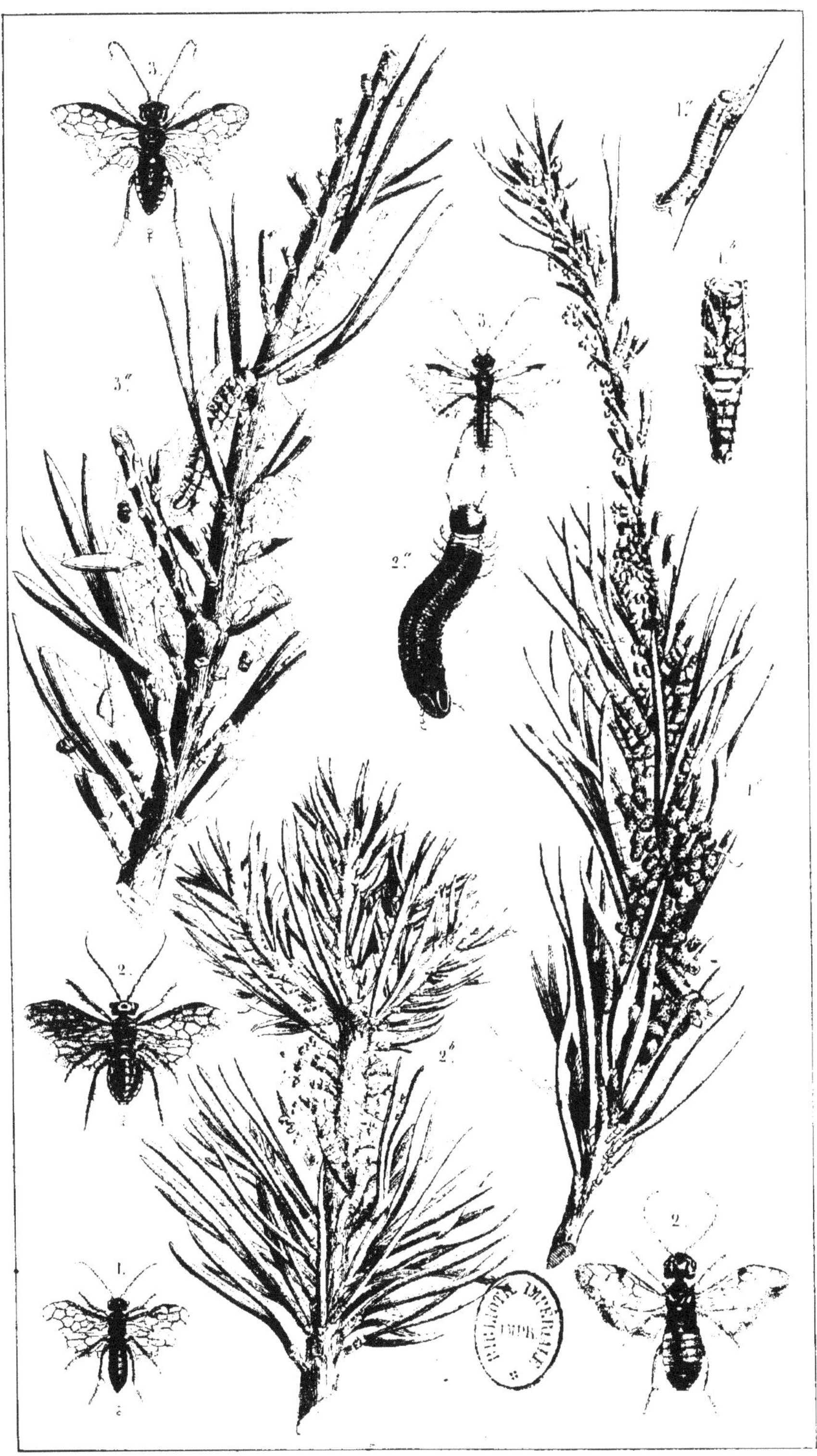

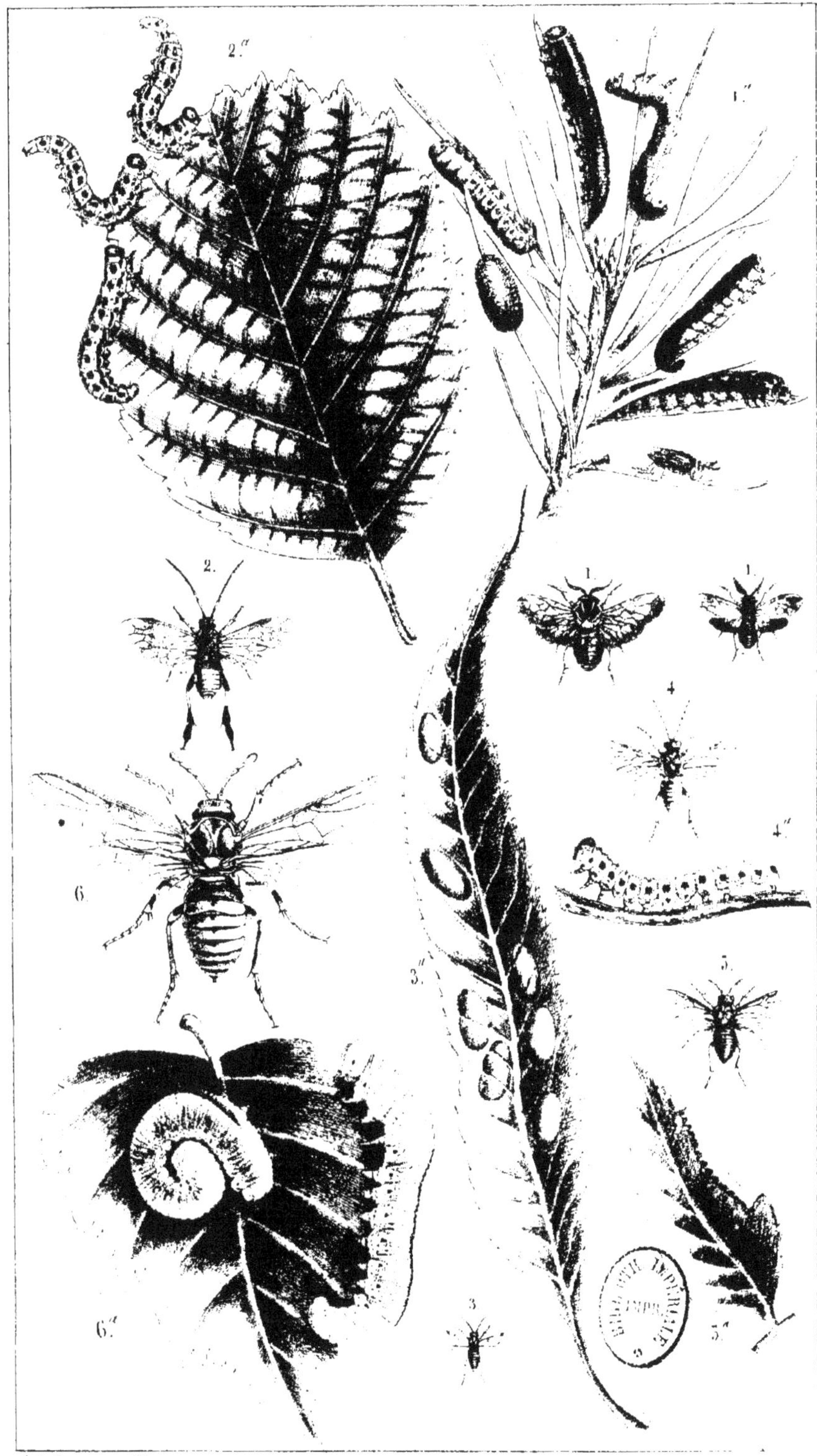

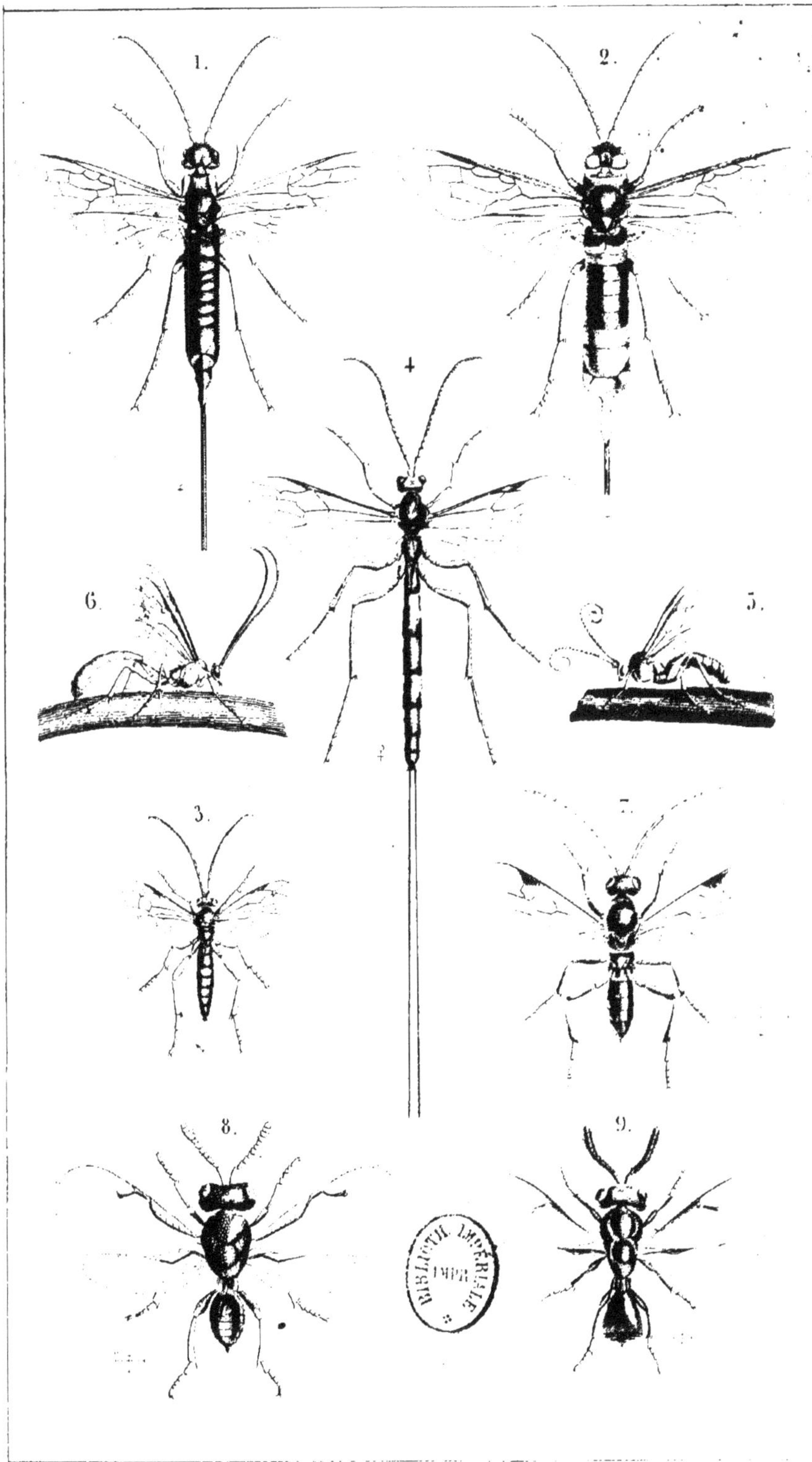

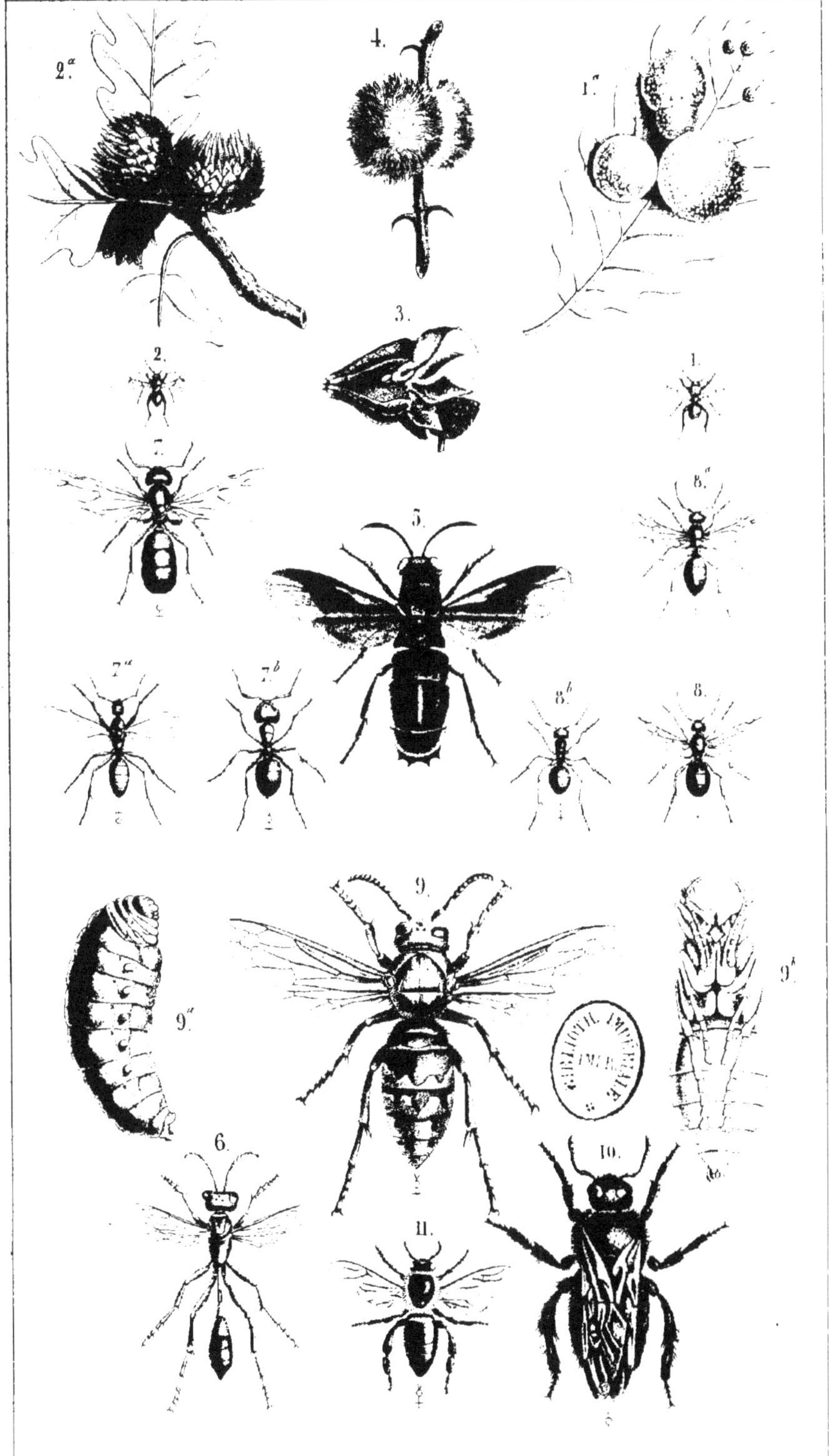

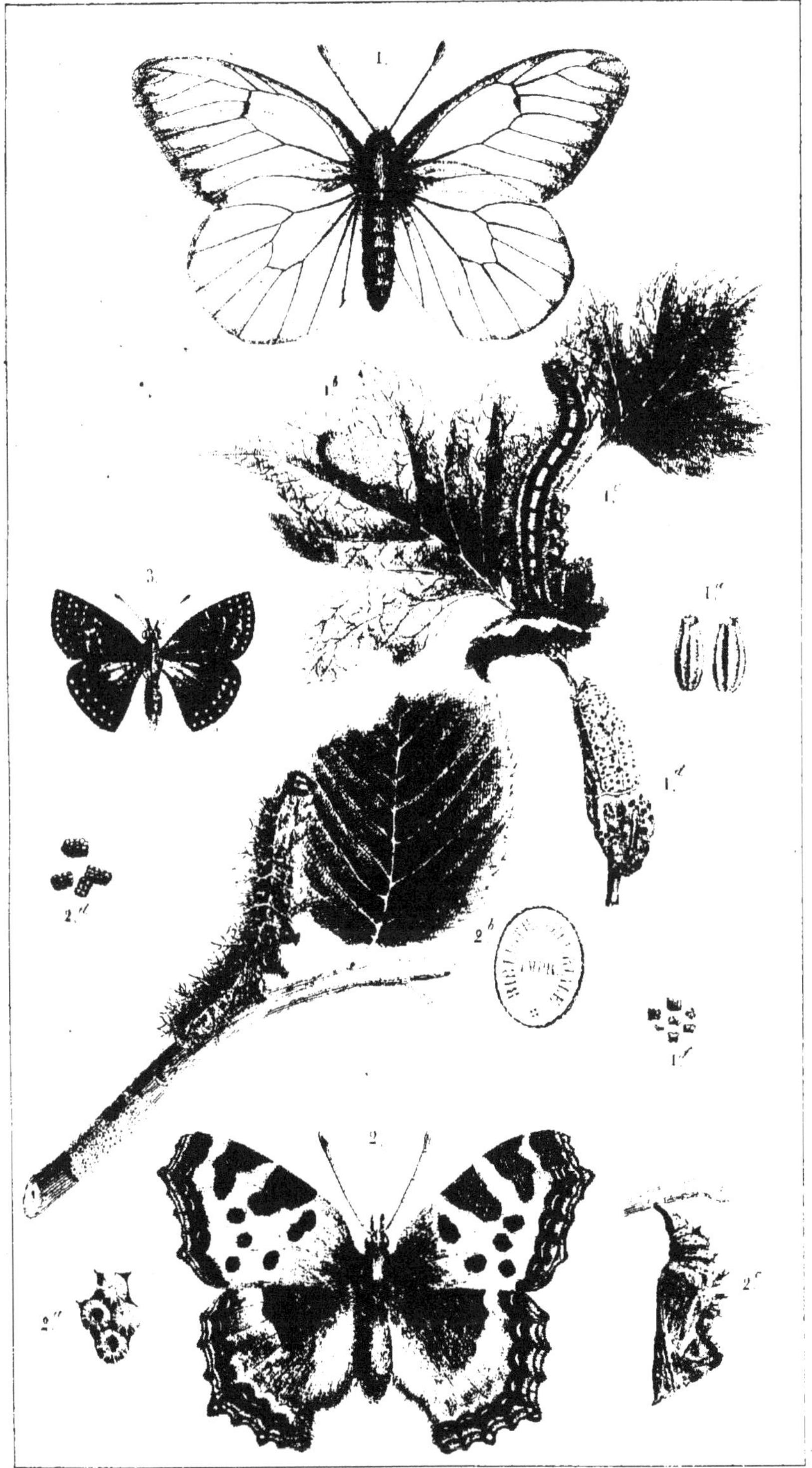

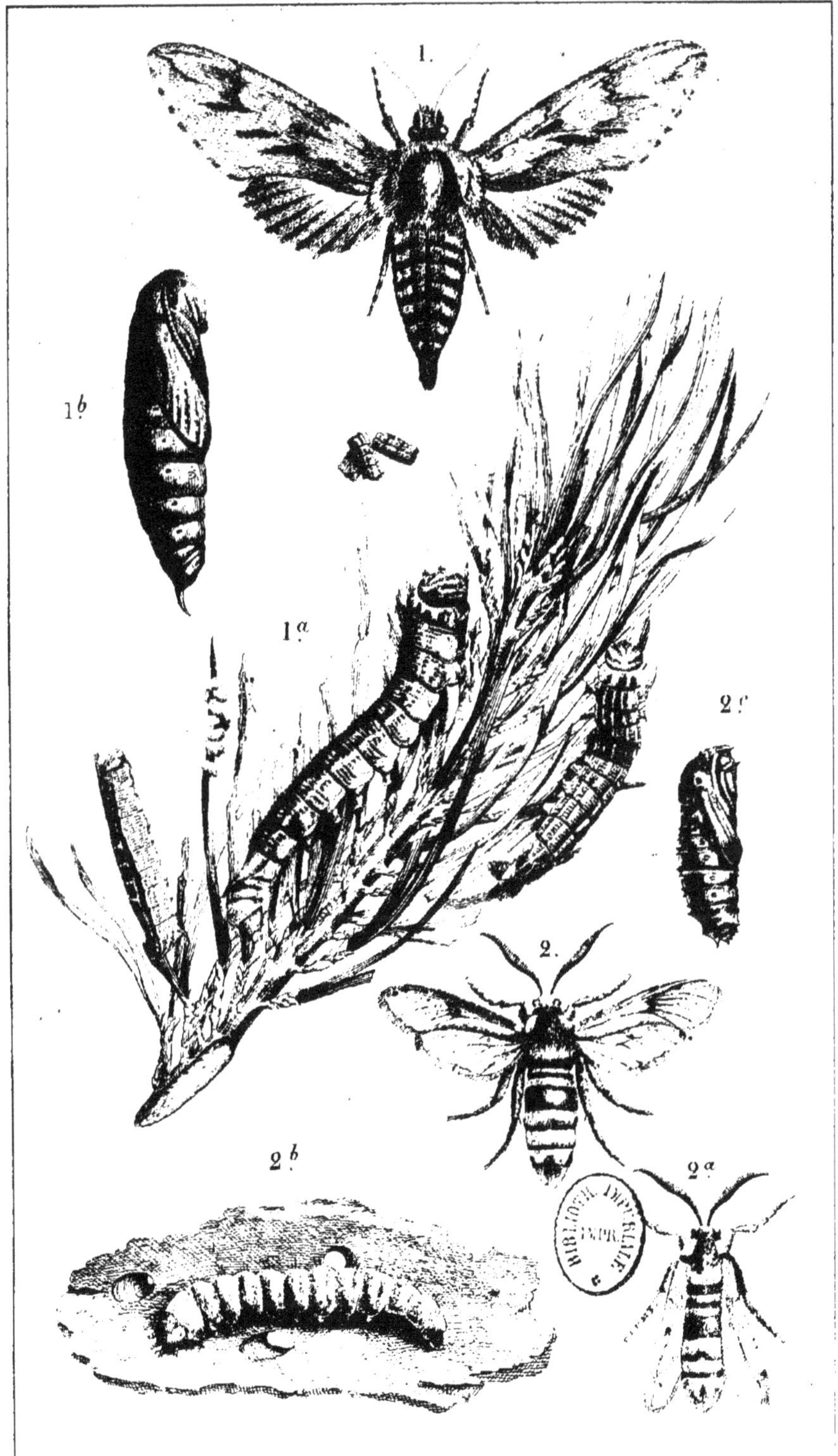
1.
1a
1b
2.
2a
2b
2c

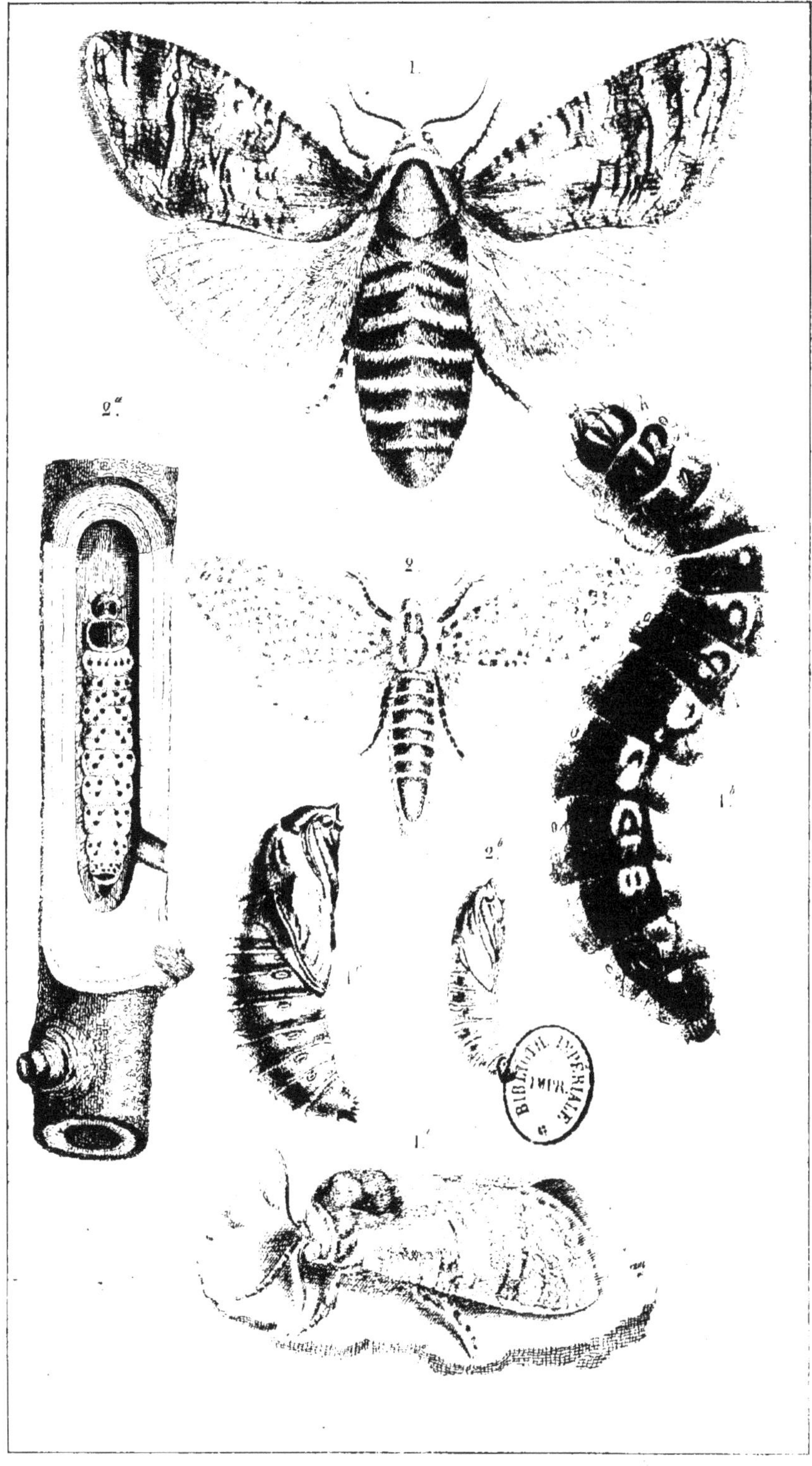

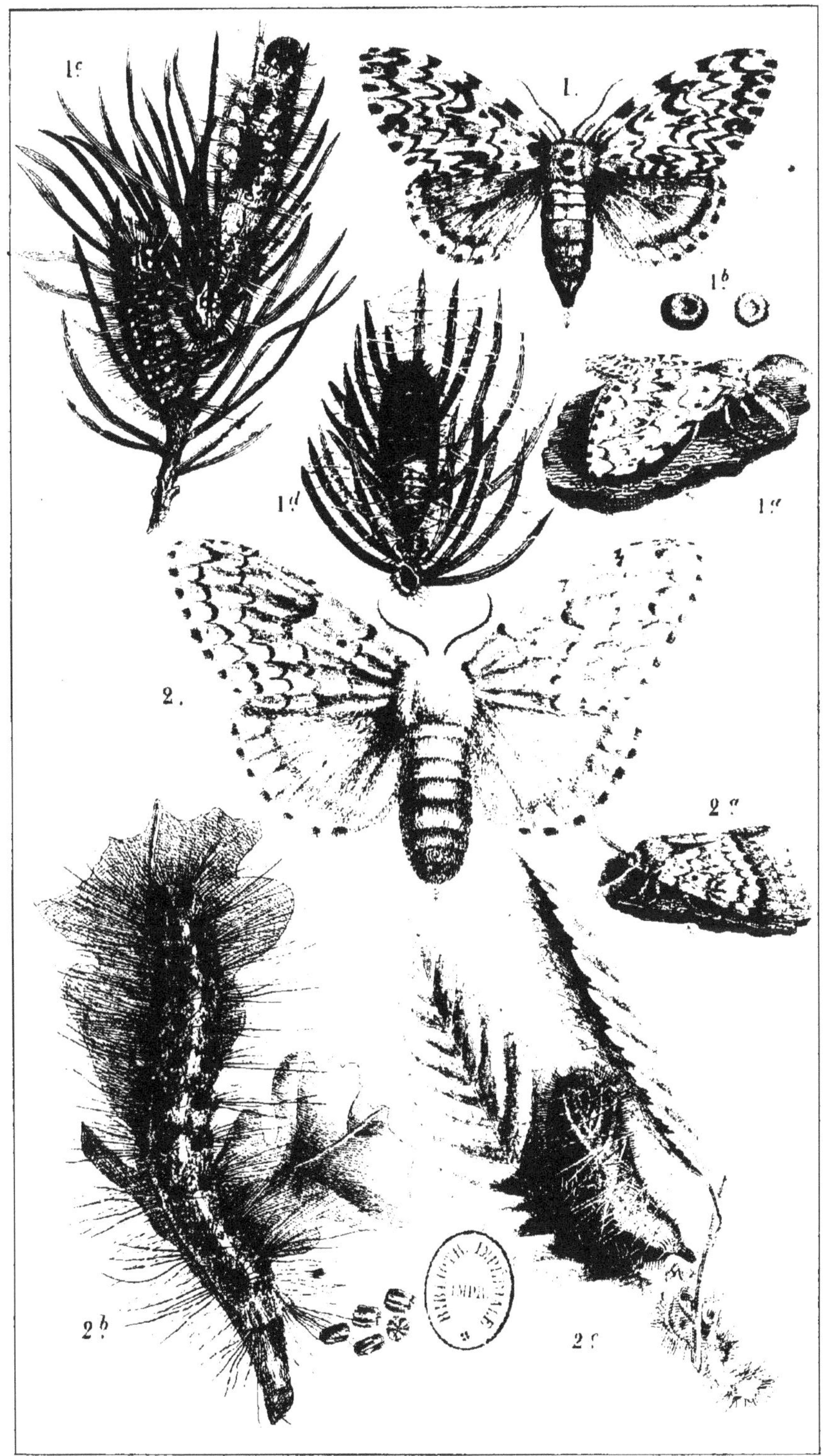

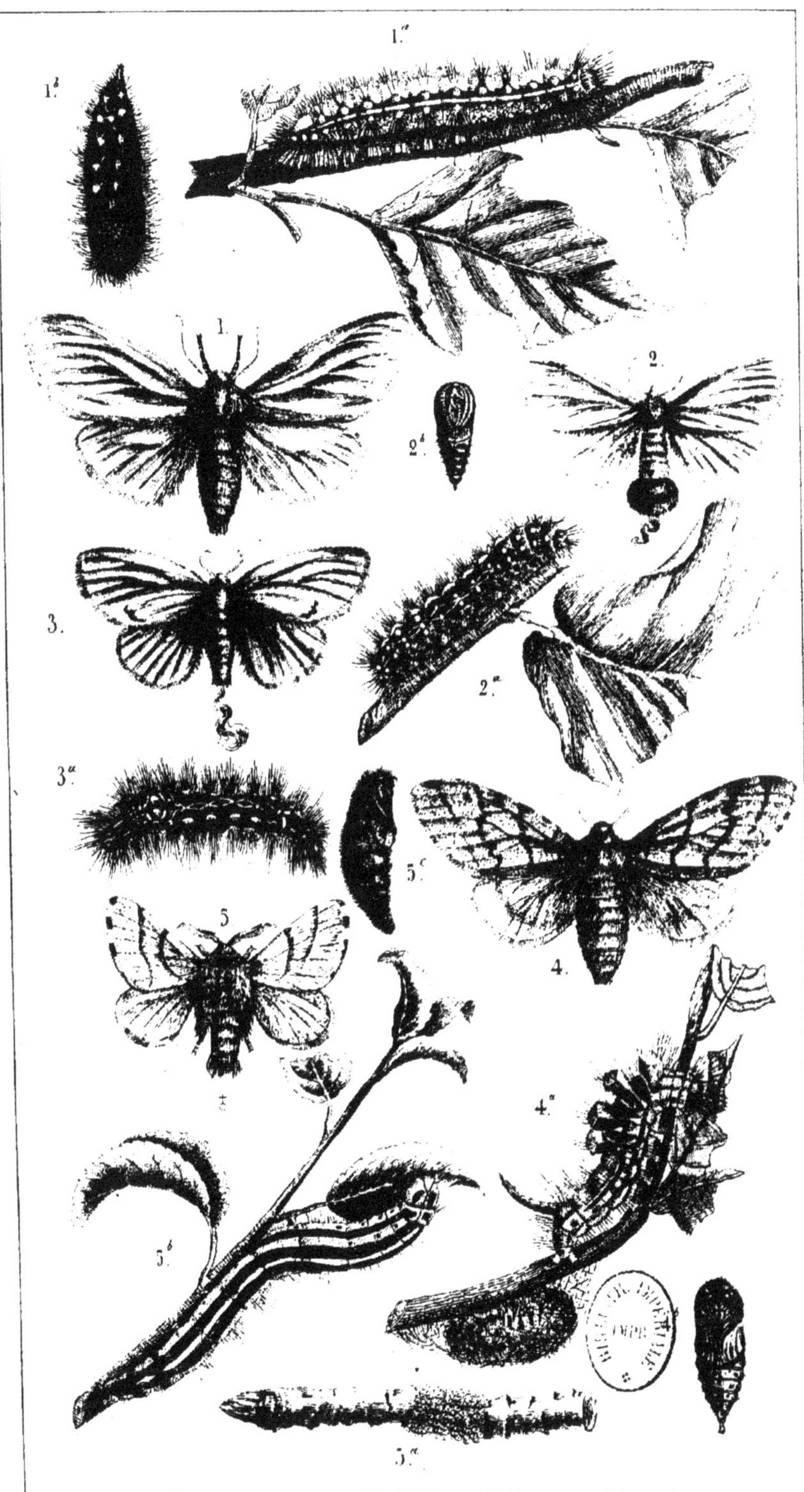

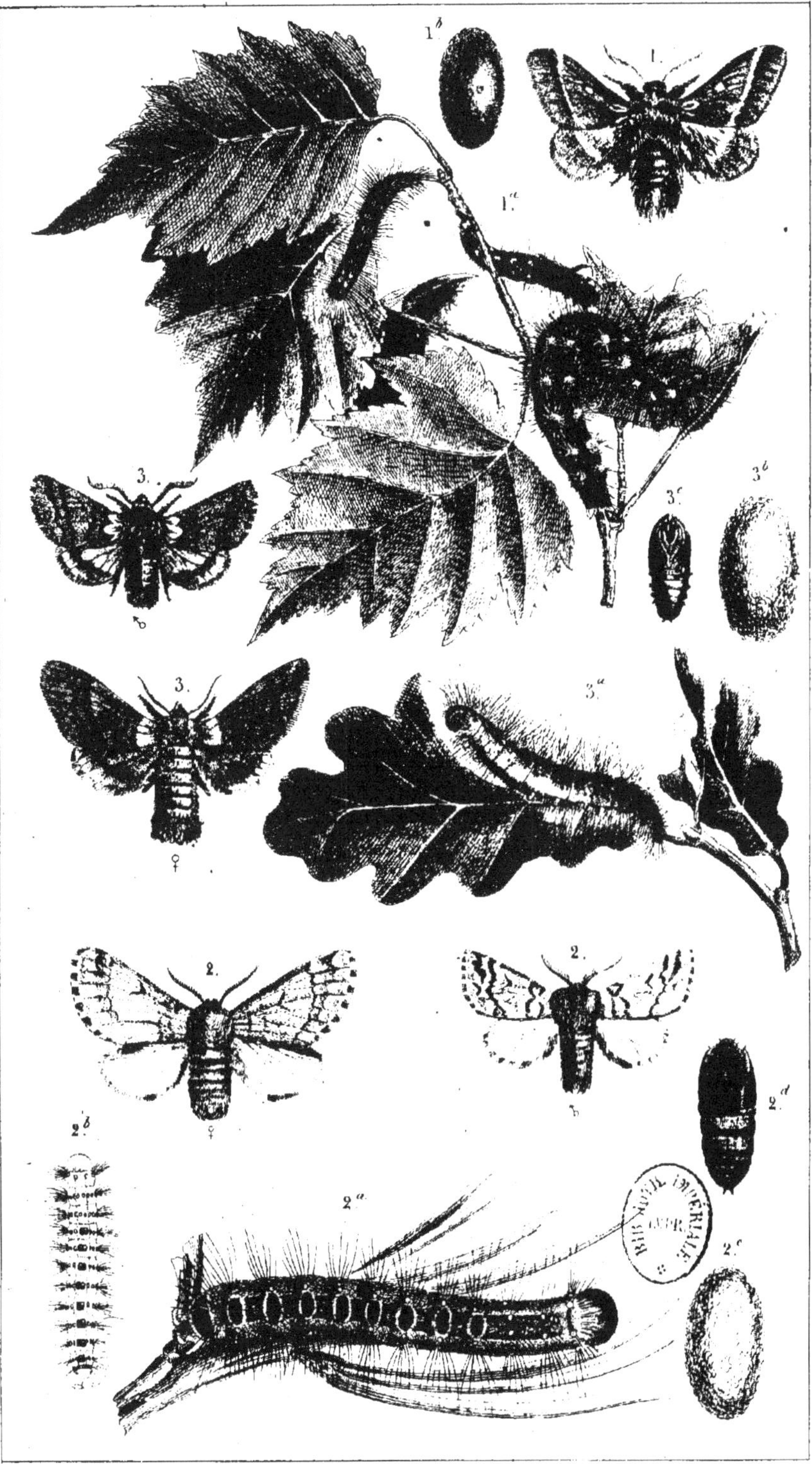

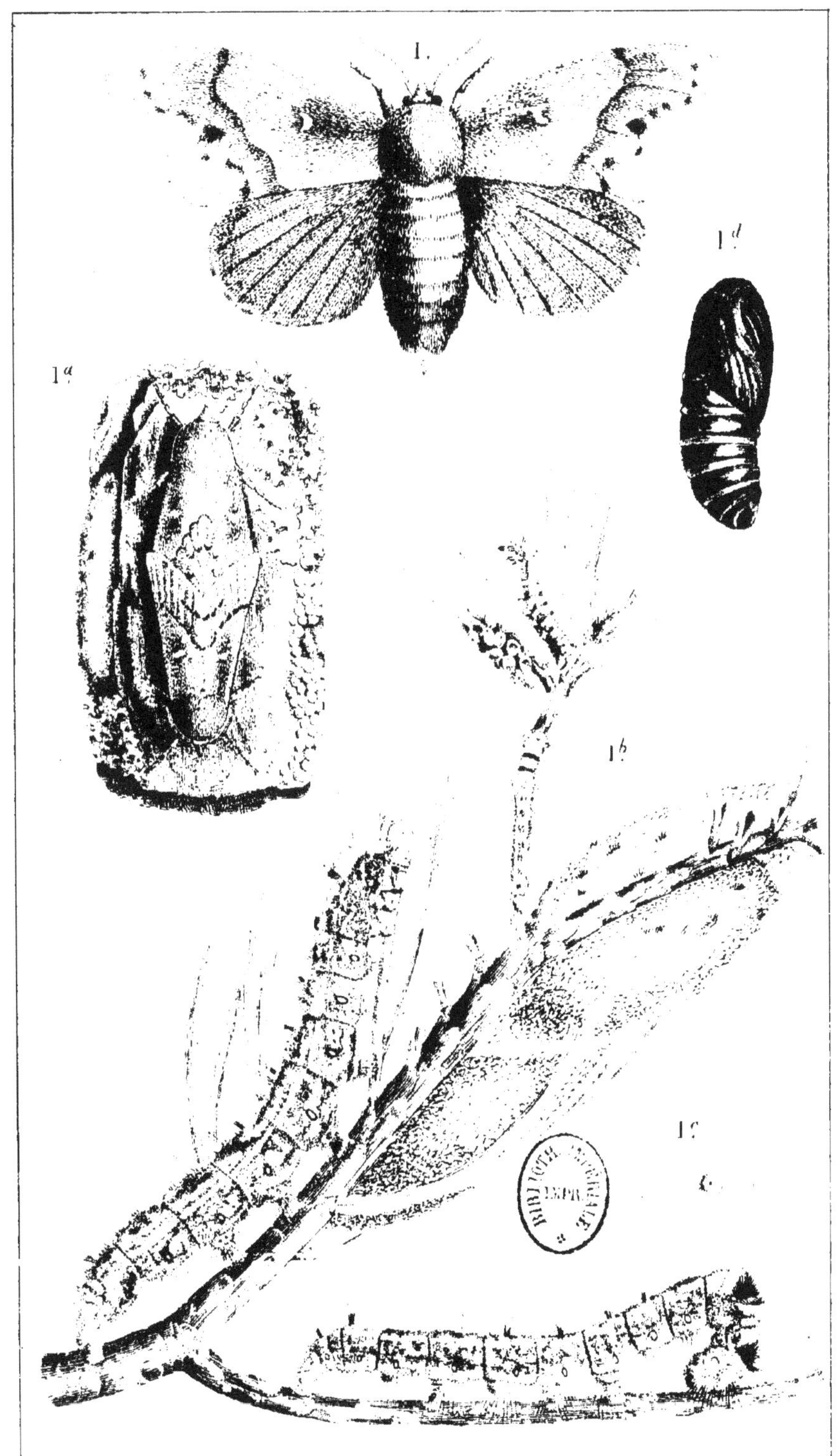
1.
1ᵈ
1ᵃ
1ᵇ
1ᶜ

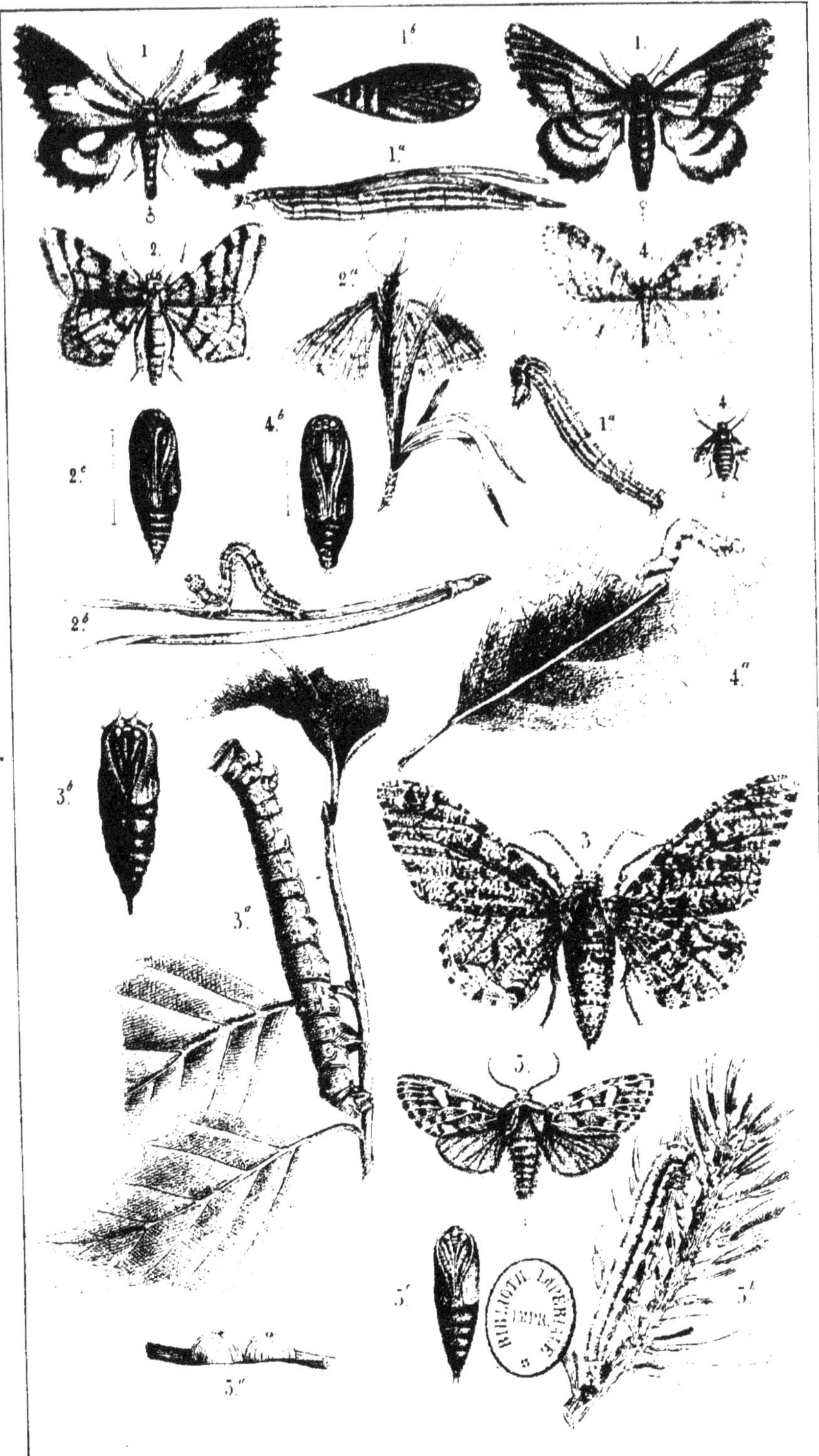

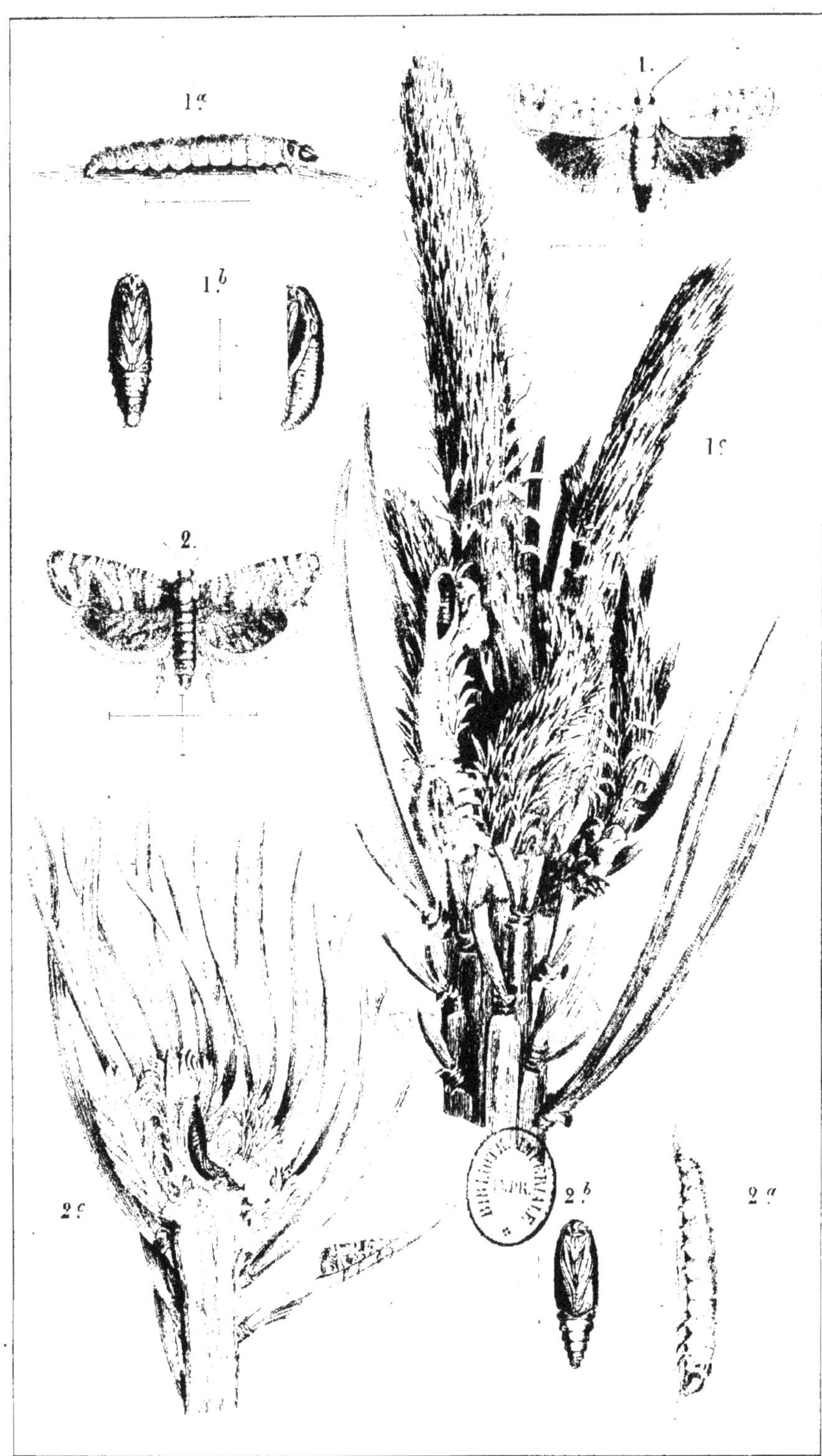

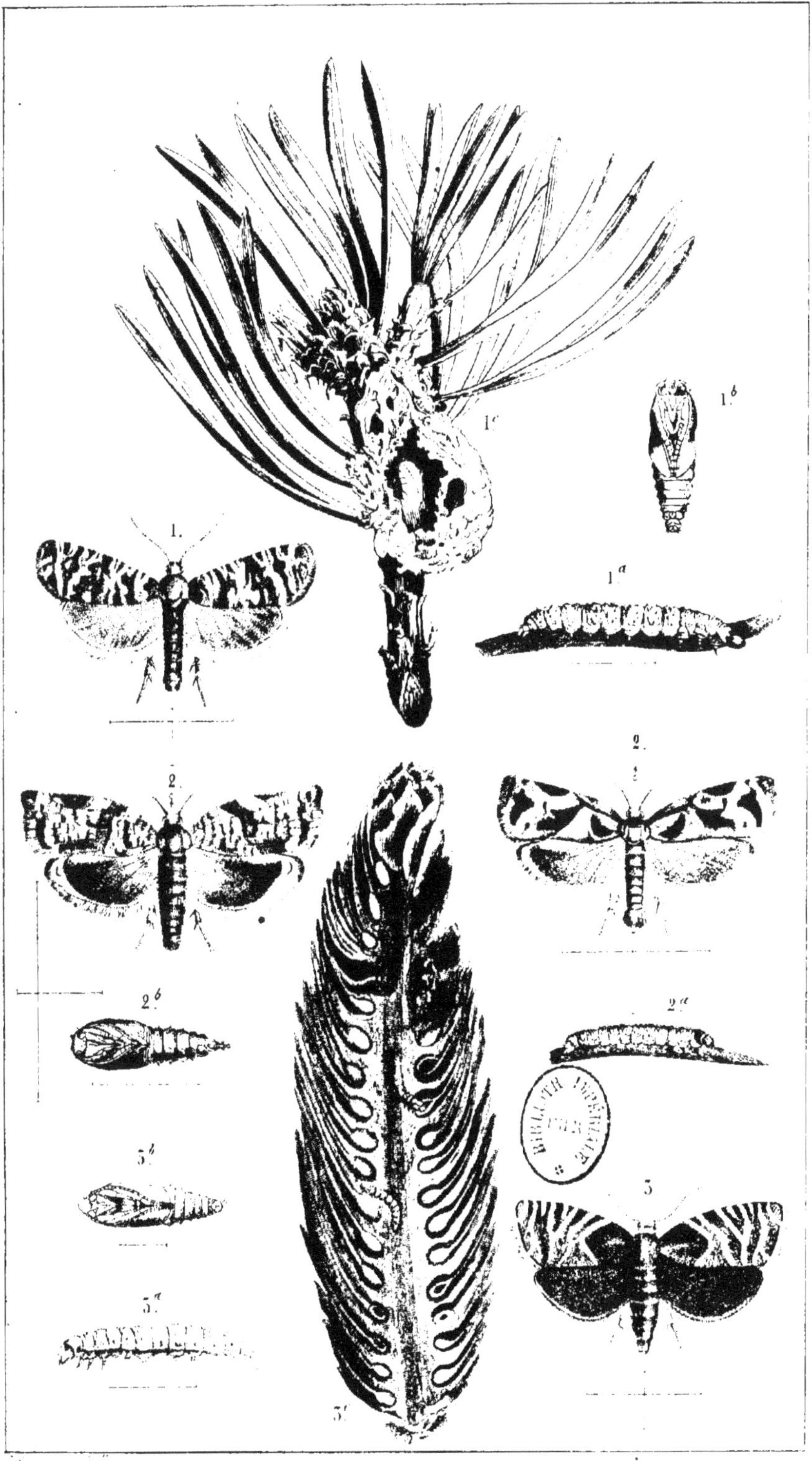

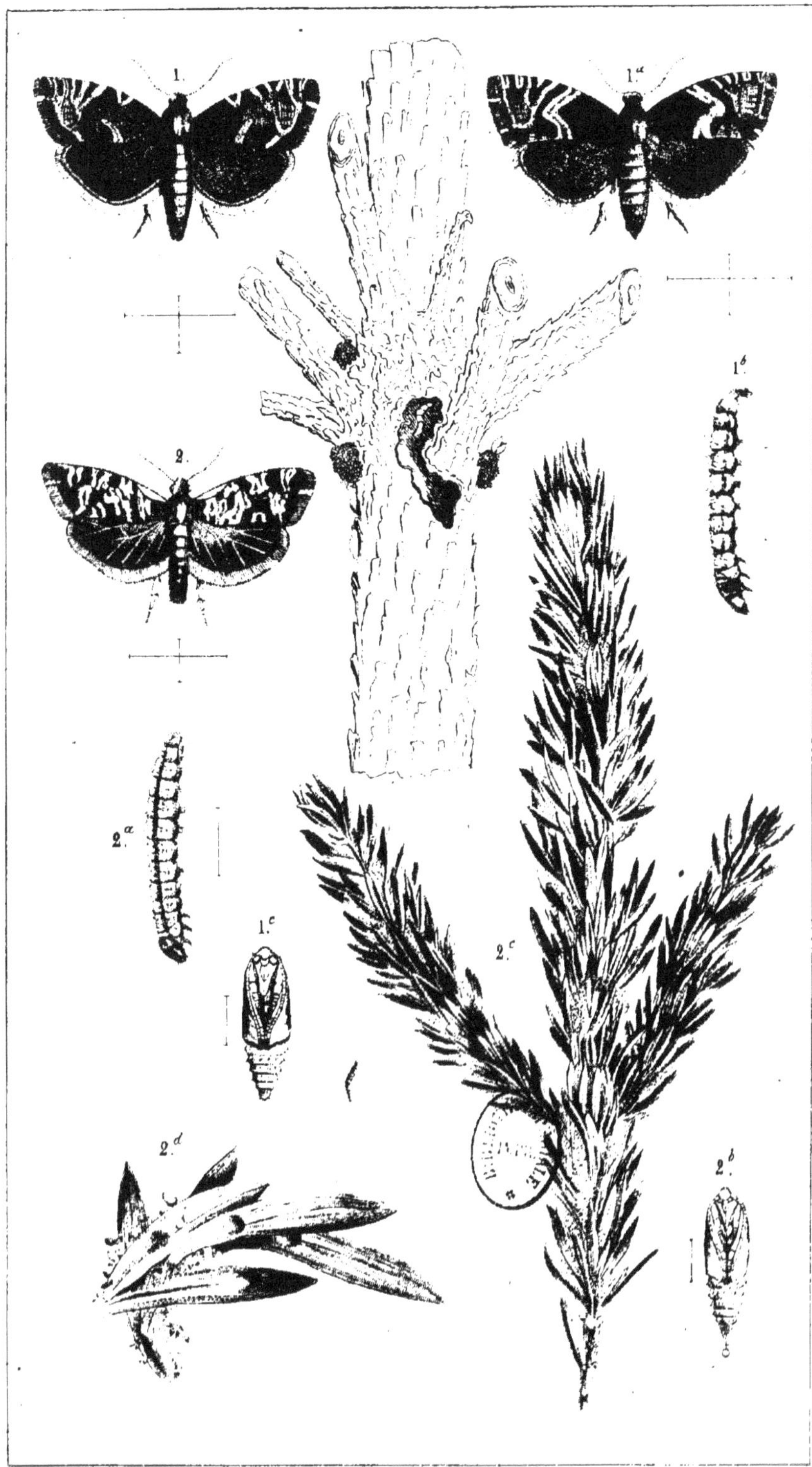

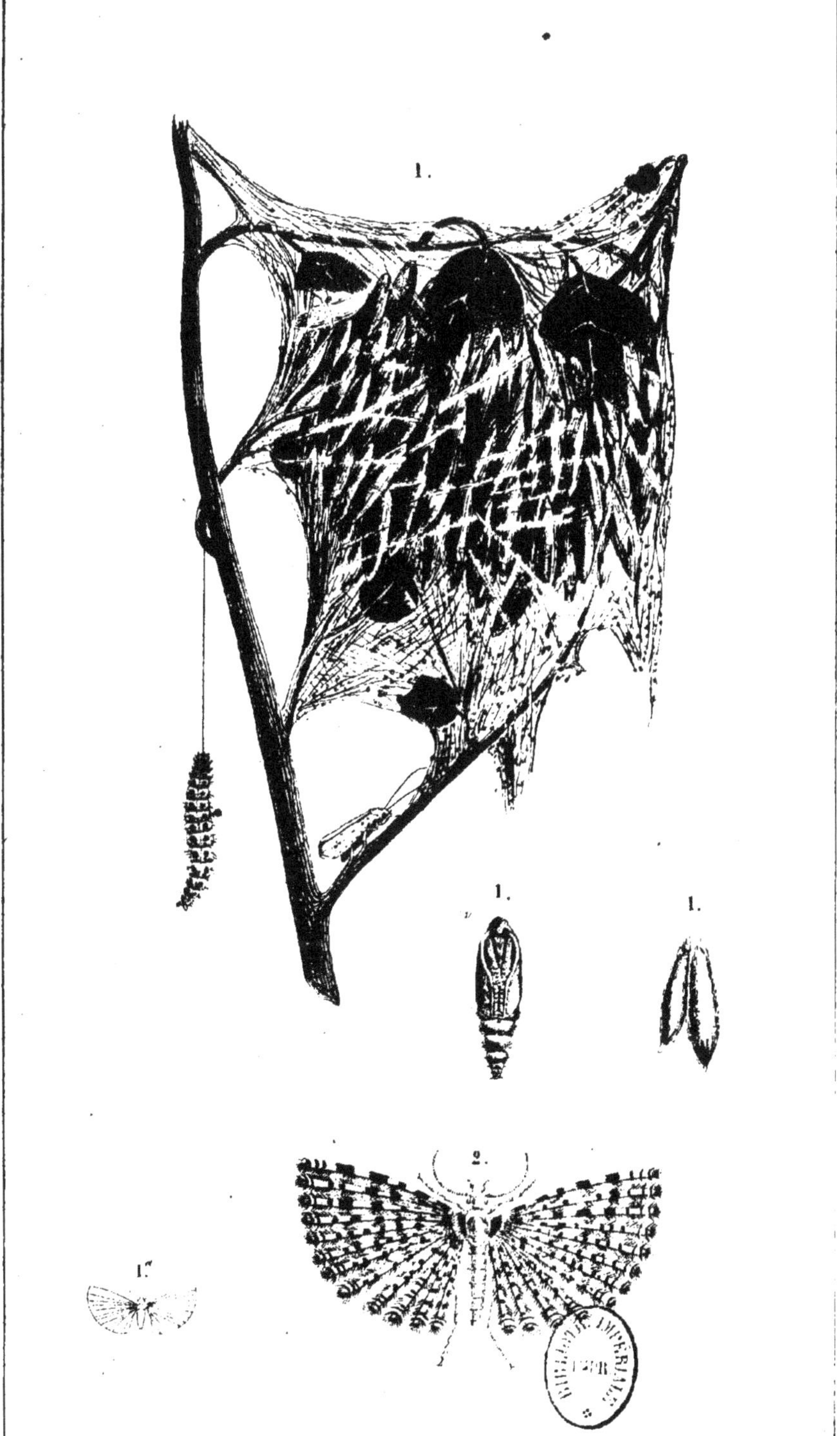

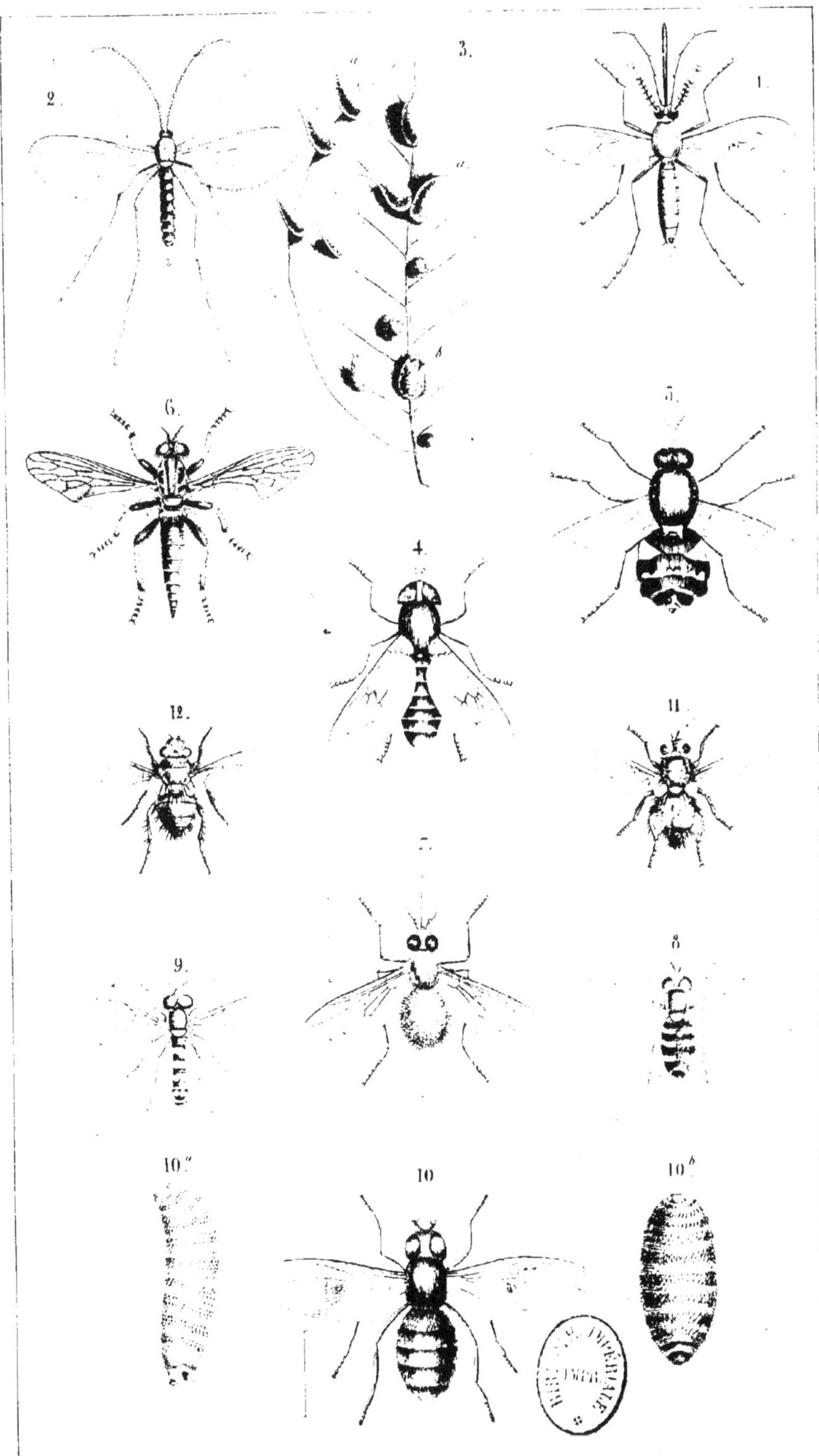